A BEAUTIFUL MATH

JOHN NASH , GAME THEORY,
AND THE MODERN QUEST FOR A CODE OF NATURE

纳什均衡与博弈论

【美】汤姆·齐格弗里德 (Tom.Siegfried) 著

洪雷 陈玮 彭工 译

化学工业出版社
·北京·

内 容 提 要

一部《美丽心灵》让我们认识了约翰·纳什这位带有传奇色彩的诺贝尔奖获得者。他的数学理论更是越来越为人们所熟知。本书通过通俗的语言深入浅出地阐述了约翰·纳什的数学理论及其在当今社会各个领域如经济学、生物学、物理学和社会科学的应用。并简明扼要地介绍了其他科学家对博弈论的研究成果。篇幅精炼，但内容翔实，适合广大对纳什及博弈论感兴趣的读者阅读。

本书作者曾获得美国国家科学作家协会颁发的社会科学奖，以及美国地球物理学联合会在科学新闻创办方面颁发的终身成就奖，其作品广受读者欢迎。

图书在版编目（CIP）数据

纳什均衡与博弈论/〔美〕齐格弗里德（Siegfried，T.）著；洪雷，陈玮，彭工译．—北京：化学工业出版社，2009.11（2024.11 重印）
ISBN 978-7-122-06694-7

Ⅰ. 纳… Ⅱ. ①齐…②洪…③陈…④彭… Ⅲ. 纳什，J. F.（1928～)-博弈论-研究 Ⅳ. O225

中国版本图书馆 CIP 数据核字（2009）第 174160 号

A Beautiful Math John Nash，Game，Theory and the Modern Quest for a Code of Nature，/by Tom Siegfried
ISBN 0-309-10192-1
This is a translation of A Beautiful Math John Nash，Game，Theory，and the Modern Quest for a Code of Nature by Tom Siegfried © 2006. First published in English by Joseph Henry Press an imprint of the National Academies Press. All rights reserved. This edition published under agreement with the National Academy of Sciences.
本书中文简体字版由 Joseph Henry Press 授权化学工业出版社独家出版发行。未经许可，不得以任何方式复制或抄袭本书的任何部分，违者必究。

北京市版权局著作权合同登记号：01-2008-4242

责任编辑：李彦芳　肖志明　　　　　文字编辑：郑　直
责任校对：周梦华　　　　　　　　　装帧设计：尹琳琳

出版发行：化学工业出版社（北京市东城区青年湖南街 13 号　邮政编码 100011）
印　　装：大厂回族自治县聚鑫印刷有限责任公司
710mm×1000mm　1/16　印张 10½　字数 176 千字　2024 年 11 月北京第 1 版第 24 次印刷

购书咨询：010-64518888　　　　　　售后服务：010-64518899
网　址：http://www.cip.com.cn
凡购买本书，如有缺损质量问题，本社销售中心负责调换。

定　价：39.80 元　　　　　　　　　　　　　　版权所有　违者必究

目　　录

引　言

"有意识运动，是否跟无意识运动一样，有一个潜在的规则呢"？
　　　　　　——克利昂一世问哈里·谢顿，《基地前奏》

艾萨克·阿西莫夫（Isaac Asimov）是一位出色的预言家。

在早期的一本科幻小说里，他描述了一种便携式计算器，而这种计算器要在几十年后，人们才可以在专卖店里买得到。在此之后的一本书里，他还描述了一种经过无线网络可直接将照片传到电脑的数码相机。遗憾的是，他当时没能预言到该种相机的电话功能。他最著名的作品——"基地三部曲"，写于 20 世纪 50 年代。在这一系列丛书中，他首次提出了心理史学这门新的科学，来预测政治、经济以及社会事件的发展。在他看来，心理史学是一门用数学公式研究人类行为的科学。

在当前社会，心理史学还没有出现；在将来很长的一段时间里也都还不会出现。但全世界范围内，有很多的机构都在致力于研究人类行为来预测未来世界的走向。这些研究所用的数学方法与阿西莫夫提到的心理史学相似，其核心就是数学家约翰·福布斯·纳什（John Forbes Nash）提出的理论。

20 世纪 50 年代，才华横溢却又行为怪异的纳什在几个领域内取得了惊人的成绩，震惊了整个数学界。他伟大的思想和怪异的行为扰乱了普林斯顿大学和加利福尼亚兰德公司的正常秩序。纳什后来的悲惨生活在现在已经是家喻户晓，这主要是因为西尔维亚·纳萨（Sylvia Nasar）广为人知的小说《美丽心灵》（A Beautiful Mind）和改编自该书的、由拉塞尔·克罗（Russell Crowe）主演的同名奥斯卡获奖电影。小说和电影阐述了纳什错综复杂的生平，但都没有深入挖掘他的数学思想。他的数学成果依然不被大众所熟知。在当今科学界，人们普遍认为，与牛顿和爱因斯坦的数学理论相比，纳什的数学理论触及到的学科更多。牛顿和爱因斯坦的数学旨在处理物理问题，而纳什的数学却可以应用在生物学和社会学领域。

的确，如若不是精神疾病的困扰，纳什今天可能已与那些科学伟人齐名。尽管如此，他在数学领域的重要贡献大家有目共睹。他最大的成就来自于经济学方面。由于他在博弈论上的开创性成就，他与约翰·海萨尼（John Harsanyi）和莱茵哈德·泽尔腾（Reinhard Selten）一起获得了1994年诺贝尔经济学奖。

博弈论起源于研究人们玩扑克（poker）、国际象棋（chess）等室内游戏时的行为决策，后来作为一种研究人类经济行为的数学工具得到了充分的发展。从根本上讲，博弈论涉及从打网球到指挥战争的任何涉及策略的情景。博弈论提供了一种计算各种可能决策所产生效益的数学方法，该理论为在各种竞赛场合做出最佳决定建立了一套具体的数学公式。正如经济学家赫伯特·金迪斯（Herbert Gintis）所说，博弈论是我们"研究世界的一种工具"。但它不仅仅是一种工具，"它不仅研究人们如何合作，而且研究人们如何竞争"。同时，"博弈论还研究行为方式的产生、转变、散播和稳定"。

博弈论不是纳什发明的，但他扩大了该理论的范围，为之提供了解决实际问题的更有力工具。在一开始，他的研究成果并没有受到人们的重视。他的文章发表在20世纪50年代，在当时博弈论仅在冷战分析家之间流传，这些分析家认为国际侵略和利益最大化之间有一些相似之处。在经济学界，博弈论还被视为一种新奇事物。经济学家萨缪尔·鲍尔斯（Samuel Bowles）告诉我说："当时博弈论羽翼未丰，如同经济学中其他许多优秀的思想一样，它还没有受到人们的关注"。

然而在20世纪70年代情况发生了改变，进化论学派的生物学家开始采用博弈论研究动植物中的生存竞争现象。紧接着在20世纪80年代，经济学家终于开始以各种不同方式将博弈论应用于经济学中，尤其是将它用在设计真实试验以验证经济学理论方面。到20世纪80年代末，博弈论在经济学领域已经充分显示了它的作用，这最终促成了纳什等获得1994年诺贝尔经济学奖。

早在此之前，博弈论就已经出现在许多学科的课程中。数学系、经济学系、生物学系，还有政治科学系、心理学系和社会科学系的课程中都含有博弈论的内容。到了21世纪初，博弈论的应用更为广泛，涉及从人类学到神经生物学等多个领域。

现今，经济学家继续使用博弈论分析人们如何做出有关金钱的决策；生物学家用它来建立假说以解释适者生存原理和利他主义的起源；人类学家使用它来研究原始文化，从而说明人性的多样化；神经科学者也加入了博弈论研究的行列，通过研究博弈者的大脑，试图发现决策如何反映人们的动机和情感。事实上，神经经济学——一个完全新的研究领域——也已基本成型。

该学科将博弈论的思想方法与脑部扫描技术相结合，旨在探测、测量与人类决策行为相关的神经活动。神经科学家瑞德·蒙特格（Read Montigue）说："我们正在以研究波音 777 机翼上气流的精度程度定量研究人类的行为"。

简言之，纳什的数学理论连同在其基础上建立起来的现代博弈论已经成为科学家研究众多与人类行为相关课题时的首选方法。事实上，赫伯特·金迪斯认为，博弈论已经成为"一种研究行为科学的通用语言"。

在我看来，博弈论的影响远不止这些。它不仅是研究行为科学的通用语言，还将成为研究各种科学的通用语言。

在当前科学现状下，这种断言确实大胆，甚至错误。但博弈论已经征服了社会科学并渗入到生物学领域。不仅如此，现在博弈论和物理学在一些前沿领域中的结合已相当紧密。物理学家一直是在寻找描述自然界的大统一理论，在此过程中博弈论有望大显身手。

这个想法是我在 2004 年阅读数学物理学家大卫·沃尔伯特（David Wolpert）[加利福尼亚的美国国家航空航天局艾姆斯研究中心（Ames Research Center）的一名工作人员]的一篇论文时产生。在这篇文章中，他揭示了博弈论数学和统计力学之间的深刻联系。

统计力学是物理学家用于描述世界复杂性的一个最有力的万能工具。在过去的一个多世纪中，物理学家一直在用它来描述诸如气体、化学反应、磁性材料特征等问题——更确切地说就是定量研究物质在各种不同环境下的行为特征。这是在缺乏具体数据的情况下研究物质行为这幅"巨画"的有效途径。举个例子，房间内游离了数以万计的气体分子，你不可能跟踪每一分子的轨迹，但统计力学可以通过研究大量粒子的统计学行为来解释空调为何能改变环境温度。

统计力学（包括气体分子运动理论）之所以能激发阿西莫夫小说中的英雄人物数学家哈里·谢顿（Hari Seldon）发明心理史学，并非巧合。"基地"系列中的人物詹诺夫·裴洛拉特（Janov Peloret）这样解释：

"哈里·谢顿所发明的心理史学在气体分子理论的基础上建模。气体中每一个原子或分子的运动都是随机的，我们无法得知所有粒子的确定位置和速度。然而，使用统计力学方法我们可以找到决定气体宏观行为的相当精确的规律。采用同样的方法，谢顿打算找到人类社会整体行为的一般规律，尽管这种规律不能解释人类的个体行为。"

换句话讲，正如同分子的运动和相互作用决定了气体的温度和压强，只要人数足够多，人与人之间相互作用的诸多规律就能形成可预测的模式。现今物理学家正在用描述分子的方法来描述人类，测量社会的"温度"。

这么看来要想得知社会的"温度"，最好的办法就是将社会看成是一个个网络。正如温度可以反映气体分子有序的本质，网络数学能够定量描述社会成员之间联系的紧密程度。今天的新型网络数学已经将统计力学用于解释时尚潮流、选举行为乃至恐怖势力增长等各种社会现象。正如阿西莫夫所预言的那样，统计力学已成为一种描述人类社会的精确数学方法。

人们将网络数学和统计力学结合来解读人类行为。在这个过程中人们一直没有涉及博弈论。尽管纳什创建的理论有它的局限性，按理论推出的公式对实际问题不一定总是有效，但最新的研究表明，在某些问题上博弈论对找寻庞大网络中错综复杂的联系确有帮助。也许博弈论这种方法能更容易揭开复杂网络世界的神秘面纱。

沃尔伯特的观点表明通过探索博弈论与统计力学之间的联系可以促使博弈论上升到一个新的高度。他的研究指出博弈论的数学思想可以用方程重塑，可以模仿统计物理学家描述各类物理体系时所用的方程，换句话说，在某深层层面，统计力学和博弈论是同一种基本思想两种表达形式。这种观点认为博弈论也是一个非常灵敏的社会"温度计"。

这种新认识——博弈论和统计力学源于同一个数学思想——提高了博弈论的地位，使它成为将生命科学和物质科学统一到一起的首选工具。博弈论受到各个领域科学家的青睐绝不是毫无原因的。有一天，博弈论会成为将所有七零八碎的科学难题粘贴在一起的万能胶。

有些人，尤其是有些物理学家也许会嘲笑这种观点。但在嘲笑之前，我们要先考虑此观点的可能性。大自然之所以包含这么多复杂的系统，绝非没有原因。复杂性是发展变化的。"聪明"的设计都是一些简单、可预见的系统，以便人们理解。那些困扰着科学界的复杂系统——比如躯体、大脑、社会，不是人们按照某种计划设计的，而是源于各单元间的联系，比如细胞与细胞之间的相互作用或人与人之间的关系。这些都属于竞争性相互关系，而博弈论针对的正是这类问题。

博弈论在进化生物学研究中起到重要作用，这毫不令人吃惊。博弈论是关于竞争的理论，而生物进化就像永无休止的奥林匹克比赛。如果复杂的生命产生进化过程遵循博弈论原理，那么人脑的发展变化无疑也应该遵循同样的规律。大脑科学家想要发掘人们经济决策背后的神经生理学机制就要设法了解人脑是如何工作的，因此，博弈论在该领域的盛行是一件非常自然的事情。

反过来看，人脑又决定了人类所有其他行为，如个人的行为、人与人之间的行为、社会行为、政治行为以及经济行为。所有这些行为又决定着个人、社会、政治和经济活动体系的发展变化，这正如适者生存的世代延续决定了生命的复杂性；随着社会或政府的建立、衰败，人类文化一步步发展；企业的成立和倒闭决定了经济的发展；网页的添加和链接的终止决定了万维网的发展。因此，纳什的数学理论似乎能够促进各种认识个人行为、生物和社会手段的融合。

化学和物理学又如何呢？博弈论对他们有用吗？一眼看上去，参加化学反应的分子似乎不需要任何的生存竞争，但实际上，竞争一直存在。博弈论和统计力学之间的联系肯定能为博弈论在化学中寻找到用武之地。比如说，参加反应的分子总是在寻找能量最小的状态以达到稳定。分子的这种对能量最小化的"渴望"与生物机体对最大程度适应环境的"渴望"没有什么太大的差别，人们对两者的研究可以用到类似的数学方法。

的确，物理学覆盖的领域要远远大于统计力学。乍一看，博弈论似乎涉及不到更为宏观的物理学领域，如天体物理学、宇宙学以及亚原子领域。这些领域都属于量子物理学范畴。但是在近几年，物理学家和数学家相互合作共同创立了量子博弈论。迄今为止，量子理论似乎正在丰富着博弈论，然而这种丰富也可能是相互的。

此外，沃尔伯特在建立了统计力学和博弈论之间联系时还借助了数学信息理论。正如我在《比特与钟摆》（The Bit and the Pendulum）[威立（Wiley）电子期刊，2000 年]一书中提到的，现代科学界非常着迷信息论，他们利用信息论的数学思想和隐喻去描述从黑洞到人脑计算活动的各类科学。在过去的几十年间，量子信息论导致了人们对量子物理学的再认识，从而产生了对量子物理学的许多新描述，不仅如此，许多理论家还认为信息论思想是统一量子场和引力场的关键，也许是通往万物"终极理论"的必由之路。沃尔伯特推测，"博弈论可能是寻找这一终极理论的一个必不可少的工具，有了它成功的可能性就大大提高了。"

很明显，纳什的数学理论提供了一个反映现实世界规律的前所未有的方法。我在《奇异的物质世界》（Strange Matters）（Joseph Henry，2002 年）一书中说过，人脑具有一种生成数学方法的能力，这种生成的数学方法可以挖掘真实世界深刻本质。这种能力使得科学家们能够在没有任何观测迹象的情况下预测出反物质和黑洞这类奇异物质的存在。人脑存在于自然世界中，它的发展进化必然要受物理学和生物学规律的限制。在我看来，这个事实可以从一定程度上解释人脑的这种神奇能力。可惜的是，我当时没能意识到博弈论已经提供了一种描述物理学和生物学之间怎样发生联系的工具。

很明显，博弈论的数学理论描述了宇宙能够产生发明数学的大脑的能力。正如阿西莫夫设想的那样，大脑创造数学，数学反过来又可以用于研究在大脑指挥下人类的行为——包括创造人类文明、文化、经济和政治的社会集体行为。

在探索这种数学秘密的道路上，我们可以根据神经科学家对竞赛者大脑活动的检测看到人们是如何进行比赛的；我们也可以跟随人类学家到丛林中去，看他们是如何做检验不同文化的博弈策略；我们还可以与物理学家一同努力去建立描述人类行为本质的方程式。或许我们也能看到纳什的数学理论是如何作为将经济学、心理学、人类学和社会学与生物学和物理学间合并——创造宏观生命科学、人类个体行为乃至整个物质世界伟大合并。在这个过程中，我们至少应该开始放开眼界看待这个迅速兴起的研究领域，将对20世纪50年代纳什数学的理解与对19世纪的物理学和21世纪的神经科学的理解结合起来，这样才能真正领会阿西莫夫在20世纪50年代的科幻小说中做出的伟大预言。

但是，要是你认为阿西莫夫是第一个表达这种设想的人，那么你就错了。在真实意义上，心理史学是一种古罗马信仰"自然法典"的演化（阿西莫夫的"基地三部曲"是以罗马帝国的衰败为背景的）。据说这个法典能挖掘人类的本性，为行为提供一种守则，这一点我在后续部分还会具体解释。它不是一本为了限定人类的行为而制定的守则，而是人类一些固有行为的展示。伴随着18世纪理性时期的到来，哲学家和社会科学家的先驱迫切寻求决定这些行为准则的规则——它是了解关于人与人之间相互关系自然规律的关键。其中最早和最具代表性的成果就是亚当·斯密（Adam Smith）的《国富论》中所描写的经济体系。

第一章

亚当·斯密之手——找寻自然法典

> 如果说在 17 世纪，自然哲学家们借助人类世界的法则来研究自然界，那么到了 18 世纪，就是自然界的定律帮助我们更好地了解人类生活的时候。
>
> ——罗杰·史密斯，《诺顿人类科学史》

科林·卡默热是个神童，他在学校里跳了几级并参加了一个为天才儿童特设的项目。5 岁那年，他就开始阅读《时代》周刊（即便从没有人教过他阅读），14 岁那年，他便进入了约翰·霍普金斯大学。他以 3 年的速度毕业并转战芝加哥大学攻读工商管理硕士。之后，又获得了博士学位。22 岁那年，他成为西北大学管理研究所的一名教员。

如今，他已是加州理工学院的一名资深教授。他喜欢在学校里玩游戏，或者确切地说，他喜欢分析人们在各种游戏实验中的行为。卡默热是美国顶级的行为博弈论学家之一。他研究博弈论如何反映人们在现实生活中的经济行为，以及人们的行为如何偏离传统经济学理论所假设的纯理性选择。

卡默热的才华无可置疑，同时他又像一个出租车司机一样善于交谈。当他还是个天才儿童时，他就玩摔跤和高尔夫，因此他和那些只沉浸于自己的高级精神生活的儿童相比，有着更广阔的视角。而且他对经济学有着比在旧教科书中所能找到的更为广博的观点。但从某种意义上说，卡默热对经济行为的观点并非那么具有革命性，实际上在某些方面它们早已被传统经济学家亚当·斯密所预见。

斯密的"看不见的手"也许是经济学上最为著名的比喻，他那本同样出名的著作《国富论》在它出版两百多年之后的今天，仍被自由市场经济的倡导者们所推崇。但斯密并不是一个狭隘的思想家，他对人类行为的认识比今天他的很多追随者们都要多得多。他预见了很多观点，而这些观点是当今人们在试图破解经济和其他社会领域的人类行为时所提出的。他不是一个博弈论学家，但他的理论说明了博弈、经济学、生物学、物理学和社会学之间的联系——也就是本书所讲述的全部内容。在我看来，亚当·斯密是这个故事中的第一人，他让人们相信将物质世界的牛顿物理学与人类行为科学相结合的价值。

第一节　看不见的经济学

亚当·斯密和艾萨克·牛顿有很多共同之处。他们的最高学历都只是学士，但是后来都成为了母校的教授（而且也都以健忘出名）。他们出生时父亲都已过世，而他们自己各自成为了一门新学科的开山之父。牛顿奠定了物理学的基础，而斯密开撰了经济学的圣经。

他们都重写了各自学科的教科书，将先辈们尚未成型的见解转变为引领现代思潮的著作。就像现代物理学是牛顿自然哲学典籍的传承，现代经济学是亚当·斯密的政治经济学专论后代。虽然他们的主要著作相隔1个世纪之遥，他们讲述的基本原理合起来孕育了一个新的世界观，在接下来的几个世纪中为欧洲文化的各方面都增添了光彩。

牛顿建立了物理世界的自然法则，斯密则尝试在经济交互的社会世界收到异曲同工之效。牛顿的无从解释的万有引力定律穿过太空引导行星的运动；斯密的"看不见的手"则指导个体劳动者和商人们制造国家财富。牛顿和斯密的工作，让伟大的思想家们相信世界的各个方面——物理的还是社会的——都可以被科学来认识和解答。当1776年斯密的《国富论》发表时，理性时代到达了它的顶峰。

当然，现如今的物理学已经超越了牛顿，而且很多经济学家会说他们的科学研究已经远远超越了亚当·斯密。但在现代文化中仍然可见到斯密的影响，而且他对经济科学的影响依然相当重大。如果你仔细看，甚至会在博弈论的很多方面找到和斯密相呼应的观点。

首先，斯密向人们灌输了一个根深蒂固的观念，即追求个人利益使经济繁荣。而博弈论在其最基本的层面上，正是要尝试量化对个人利益的追求。在更深的层面上，斯密寻求一个能抓住人类天性和行为的本质的系统，而这也是很多现代博弈论学家的动机。博弈论尝试界定什么是理性行为，斯密则向人们脑中植入了大脑按理性行事的观念。

牛顿宣称理性法则支配行星或苹果的运动，与之相比，斯密将人们参与经济活动的社会行为归因于相似的规律则更为大胆。就像雅各布·布罗诺夫斯基（Jacob Bronowski）和布鲁斯·马斯利希（Bruce Mazlish）在一本现在看来有点老，但仍称得上深刻的西方思想史的书中评论的，斯密借助了一点理性的飞跃使他的系统得到升华。"为了发现像经济学这样的一门科学，"他们写道，"斯密必须假定一种对自然的有序结构的信仰，它藏在表象背后，可通往人类的理性。"[1]

从这些评论来看，在编织"自然法典"——一个像牛顿解释宇宙一样用于解释人类行为（经济的或其他的）的规律系统——的思想蓝图中，斯密画上了重要的一笔。首先是哲学家，然后是社会学家和心理学家，尝试在"表象背后"但"可通往人类的理性"的原则上，建立一门人类行为的科学。斯密的努力反映了他的朋友兼同事苏格兰人大卫·休谟的影响。休谟是历史学家，也是哲学家，他将"人的科学"视为科学事业的终极目标。"不在人的科学的范畴之内，就没有重要性可言，"休谟写道，"在我们熟悉这门科学之前，没有什么可以被确定。"[2]为尝试"解释人类本性的原则，我们提议建立一个成熟的科学系统。"

如今，博弈论在人类科学中无处不在的地位表明了它也在试图编织同一张蓝图的雄心。有朝一日，博弈论可能会满载着休谟、斯密和过去的几个世纪里很多人的梦想，成为一部 21 世纪改良版的"自然法典"的基石。

我认为那样的说法是基于对斯密的思想脉络萦绕在物理学、社会学乃至生命科学领域之中的认识而得到支撑的。斯密的思想对查尔斯·达尔文产生了深远的影响。达尔文意识到，把描述经济世界竞争的原则应用到物种的生存斗争中，也有同样的意义。斯密所推崇的劳动力分工和自然界中新物种的出现十分吻合。因此，当今将经济博弈论应用于进化论研究作为一个重大智力产业绝非偶然。

第二节　逻辑和道德

总而言之，斯密的经济学为理解博弈论所征服的 20 世纪的经济世界提供了一个重要背景。斯密对当今世界的影响源自其对所处世界独特见解的毕生汇集。1723 年，斯密出生在苏格兰，他年幼时体弱多病（今天我们可能会称之为运动障碍）。3 岁那年，他在叔叔家的门口被一些吉普赛式的没固定工作的人绑架了，据说那是些走街串巷、居无定所的修补匠。当然，他的叔叔很快就把他救了回来。长大以后，亚当是个聪明的孩子，惊人的记忆力让他得到了一个书虫的称号。14 岁那年，他进入了格拉斯哥大学（在当时，这个年龄并不算特别小）。17 岁时，他怀着成为一名神职人员的初衷来到牛津。但在那呆了 7 年以后，他回到苏格兰，想要找寻一种不一样的生活。兴趣将他引入了学术界，因为他并没有从商的天赋，如一位传记作家所写的，"他对学习和学问的向往远远超过了职业或政治生涯。"[3]

一段时间后，斯密得到了一份可以满足他的兴趣并能施展才华的工作——格拉斯哥大学的逻辑学教授。很快，他又被聘为"道德哲学"教授，这两个职位对于一个想要理性认识人类行为的人来说是一个合适的组合。事实上，斯密发表的第一部重要著作是关于道德哲学方面的。在那本书中，他阐述了一个关于生活和政府的观点，和今天人们所熟知的斯密大相径庭。斯密的书使他获得了查尔斯·唐森的信任，唐森雇佣他为自己的继子——年轻的巴克勒奇公爵的家庭教师。1764 年，斯密离开了格拉斯哥，到伦敦去做家庭教师。在执教期间，斯密和公爵周游各地，他们在法国度过了很长时间，在那里斯密熟悉了一群重农主义者的经济思想。

斯密对弗朗斯瓦·魁奈（François Quesnay）的思想尤为着迷，后者是一个十分出色的人物，他比斯密更应该被人们了解。

13 岁那年魁奈就离开了工人出身的父母（有些地方说是农民），他自学阅读一本医书，这也决定了他可能会成为一名医生。他通过自己的努力成长为一名医师，并且成为最早提议将手术列入医疗实践的倡导者之一，在那个年代，这还不是一种主流观点。魁奈参与了促成法国国王将外科医生和理发师的职业相分离的过程，这显然对两种职业都有利。他和路易十五的紧密关系可以从他成为路易十五的情妇——蓬皮杜夫人的私人医师得到证实。

魁奈一定有着过人的头脑，对病人影响如此之深，使他们为他说话以至能和这些身处高位的统治者产生联系。在贵族中站稳了脚后，魁奈的才智又被那个年代的其他顶级智囊们看中，甚至于邀请他为著名的法国大百科全书撰写农学方面的文章。在此过程中，魁奈将其在农学方面的兴趣延伸到经济理论方面，并且创立了新派经济学，其实践者被称为重农主义者，并不注重物理方法。

在那个年代，一般的学者用贸易来衡量一个国家的经济实力。因此，贸易顺差被视为给一个国家带来财富的最佳选择。但魁奈提出反对，认为真正的财富来自于农业——土地的生产力。他进一步争论说政府对经济和社会交互的"自然秩序"实行了人为的损害。他相信应该采取一种"自由主义"或"不干涉"政策，让自然遵循自己的规律。

在巴黎遇到魁奈时，斯密也正接触重农主义哲学，并开始把它融入自己的哲学思想中。1766 年，斯密回到英国，他开始着手将自己对人类本性和繁荣产生的见解编成一部大书，历时 10 年，斯密写成了一本叫做《国民财富的性质和起因调查》的书，一般被简称为《国富论》。

第三节　看不见的手

斯密和魁奈在观点上最大的分歧是：财富的来源，斯密认为是劳动力，而不是土地。斯密在其著作的序言中指出，"每个国家一年的劳动力是供给它所有生活必需品和便利品的基础。"根据专业技能对劳动力进行更为有效的分工，可以增加财富的生成。斯密在书的第一章[4]开头指出，"劳动生产力的最大改进，以及在劳动生产力指向或应用到的任何地方体现出的大部分技能、熟练性和判断力，似乎都是劳动力分工的结果。"

现在对《国富论》的描述有些片面、不尽客观。通常被归纳为，只要没有政府干预，一只"看不见的手"就会使资本主义运行良好。任何的计划或是外部经济干预都是不必要的——如果每个人都不受限制地追求利益，整个系统的物品和服务分配将会最为有效。通过"看不见的手"的假设，斯密似乎在说纯粹的自私使世界运转地很好："我们的晚餐并非来自屠夫、啤酒制造者和面包师的善行，而是他们对自身利益的考虑，"斯密写道，"通过这种方式来引导工业，将产生最大的价值，一个人只关心自己的所得，在这种情况下，和许多其他情况下一样，他会被一只看不见的手引导，得到一个并非出自他意图的结果。"[5]

实际上，斯密关于自由市场经济的理念是精辟而且缜密的，远比现在人们一谈到他的名字就不假思索地想到的完全自由市场概念要深刻（除了自由市场之外，斯密还提到，只有当生意人不造假不行骗时，看不见的手才能有效地发挥它的作用）。他相信政府对商业的干预——不管是支持还是限制——都会损害正常的自由企业的利益。通过消除优待（或者说"鼓励"）和限制，"明了简单的天赋自由系统会自主地建立起来。"但即便如此，他将关注的范围局限于"特别的鼓励"或"特别的限制"。他指出了政府应该扮演的3个角色：保卫国家不受入侵，执法保护个人免受不公平之害，提供个人无法从中牟利的公共设施和机构（比如保护新奥尔良不受飓风肆虐）。

现代经济学家发现斯密对看不见的手的描述是有条件的。普林斯顿经济学家艾伦·克鲁格在一本最近再版的《国富论》的序言中写道[6]，"毫无疑问，斯密对看不见的手的力量的信仰被现代评论家夸大了，"他还补充说，"战后大部分的经济学可以被看作是从理论上和实际上确定亚当·斯密的看不见的手在何时和何种条件下会失灵。"[7]

所有这些并不是说斯密对自由企业的支持是完全的误读（我也并非是说自由企业是个坏点子）。但正如追随斯密的经济学家常常评论的，斯密的看不见的手并不总是保证市场有效和公平。在《国富论》问世 1 个世纪之后，一位贝尔法斯特的经济学史专家 T.E 克利夫·莱斯利在批评中指出，斯密是在前工业化时代写下了那本书。不管对他生活的世界有多么深刻的见解，斯密无法摆脱时代的局限。

克利夫·莱斯利写道，斯密的一些拥护者认为《国富论》并不像它的题目全称所言只是一项"调查"，而是"调查的最终答案——以必然和普适的真理为主体，建立在不变的自然法则上，从人类心智的规律中推断而来。"克利夫·莱斯利反对说："我斗胆提出反对意见，政治经济并不是真正意义上自然法则的主体，而是投机和教条的结合……被历史和它的主导者所粉饰。"[8]

克利夫·莱斯利在 1870 年发表的看法，反对了很多斯密的信徒所宣扬的观点——即斯密揭示了"事物的自然秩序"，"古代虚构的'自然法典'的一个衍生。"

关于"自然法则的法典"的想法从罗马时代就开始流传，也可能从希腊祖先就开始了。罗马法律系统不仅承认罗马民法（*Jus Civile*），罗马特殊的法律规范，也承认更为普遍的万民法（*Jus Gentium*），包含"适用于全人类的""由自然原因"生成的法律，就像盖尤斯（Gaius），一位公元二世纪的罗马法理学家所描述的。

很明显的，一些罗马法律哲学家将万民法的祖先视为一部被遗忘的"自然法"（*Jus Naturale*）或"自然法典"——一部假定的原始的被全人类所共享的"非政府"法典。从这种观点来看，人类政治制度打乱了"事物有益和谐的自然秩序"。所以我会说"自然法典"是今天人们普遍所指的弱肉强食[9]（也许福克斯电视台会将它拍成下一部新的纪实连续剧）。"在罗马律师中逐渐流行起这样的观点，古老的万民法事实上就是被遗失的'自然法典'，"英国法学家亨利·梅因在 1861 年一本名为《古代法》的书中写道。"在万民法的原则上构筑……法学是逐渐恢复一种范本，这样做只会使法律退化。"[10]

无论如何，如克利夫·莱斯利所说，在斯密的年代，建立"自然法典"是找到"人类社会的基本规律"的两种方法之一。"自然法典"的方法是试图通过从人类思想的内在特点推导出它的自然秩序从而推论出社会的规律。另一种方法通过重审历史和分析现实生活的特点来找到事物的原貌从而"推导出"社会规律，而不是理想化地认为人类本性应该是什么样的。

事实上，斯密的书表达了对"自然法典"的赞同，他认为减少政府优惠和限制使"简单明了的天赋自由系统"得以建立，这种观点和法典的概念不谋而合。杜加尔德·斯图亚特（Dugald Stewart）在一本斯密的传记中写道，斯密的"思索"试图"阐明一种存于人类思想原则中的自然之力"为逐渐增加国家财富"所做的准备"，并且"论证了推动一国民众至九鼎之位的最行之有效方法乃是按照自然的规律行事。"[11]

另一方面，克利夫·莱斯利还认为，斯密实际上使用了两种方法——固然有些是演绎推理，也有一些是对他那个时代经济情况的全面观察。克利夫·莱斯利说，斯密也许相信他自己是在描述人类经济行为的自然法则——一部"自然法典"——实际上他只是发展了另一种被文化和历史粉饰了的人类创造的系统。

"他所没有觉察的，是他自己的系统……是一段特定历史的产物，他所认为的自然系统是古代自然系统的延续，是经过其所处时代的思想和环境改造过了的，"克利夫·莱斯利这样描述斯密。"如果他晚两代出生，他的经济组织理论……会以一种非常不同的形态出现。"[12]

如果斯密的"自然法典"受了其所处时代的影响，那也只不过是和很多其他在他之前、之后的人的成就一样。存在着人类行为和合作的"自然秩序"，这个观点的很多版本影响了形形色色试图了解社会的哲学家、科学家和政治革命家，从拥护君主专制的哲学家托马斯·霍布斯到热衷科学、做过撰稿人的卡尔·马克思。斯密关于道德哲学和财富规律的两本最伟大的著作，是一个伟大的才智事业的一部分，这个事业最终产生了经济学和"人类科学"——社会学和心理学。如科学史学家罗杰·史密斯指出的，18世纪——斯密的世纪——是一个深刻的思维才智融合的年代，涵盖了物理科学和社会学，经济交互和人类本性，以及所有关于理解和诠释生活、宇宙乃至世间万物方面相互激发出的新颖观点。

"在十八世纪，"罗杰·史密斯写道，"对设计物理世界的愿望和信心在寻找人类世界设计的过程中起了重要作用。"正如牛顿发现了物理宇宙的"自然秩序"，追随者们寻找社会"自然秩序"背后的规则。实际上，经济学的先驱，在18世纪后半叶出现的政治经济学，作为"对自然秩序和物质繁荣之间的联系的研究"，研究"基于物理的和社会的，财富背后的规则。"[13]

当然，同样的融合也影响着今天的科学家们。数学和物理与生物学、社会学以及经济学的融合（用经济学的术语）是一项增长性行业，博弈论作为催化剂加速了这一趋势。

第四节　理性不是天性

要想理解斯密的观点和人类本性的现代观点以及博弈论之间的联系，有另一点非常重要，从漫画的角度来看斯密的故事，人类天性是自私的，而经济行为植根于此"事实"之上。博弈论看似也反映了此种假设。在博弈论最初的形式中，博弈论数学描述"理性的"行为，本质上是将"理性"和"自私"当作同义词。但按照今天的解释，博弈论并非假设人类总是表现得自私——或理性。博弈论告诉你如果人类确实表现得自私或理性，会是怎么样的情形。

此外，亚当·斯密并不相信人类是普遍自私的（他是对的，正如博弈论实验最近再次发现的）。事实上，斯密预见了很多今天的实验经济学的发现。但现代评论家常常意识不到这点，因为他们忽略了《国富论》并非斯密唯一的著作。

在撰写《国富论》时，斯密假设（像所有作者一样）他的读者也读过他的第一本书：1759年出版的《道德情操论》。因此他认为并不需要去重提他先前所描述的人类本性非常不相同的另一面。将两本书放在一起读，会发现斯密对人类天性的看法，比今天的经济学教科书所描述的更为善良，更为温和。

这个观点是科林·卡默热告诉我的，他致力于理解博弈论和人类行为关系的前沿研究。卡默热的专业，"行为博弈论"，是被称为"行为经济学"的领域的一个分支。到20世纪80年代，当博弈论渗透到经济学的主流，经济学家们纷纷不再着迷于源于亚当·斯密流传发展而来的旧观点，即人类只是追求利益的理性演员。有些人甚至灵机一动想到通过有真人（有时是真的钱）参与的实验来对经济学理论进行检验。并不奇怪，实验发现人们常常表现得并"不理性"——即他们的选择并非总是最大化他们的利益。此类实验赢得了若干诺贝尔奖，并为了解经济活动背后的数学带来了一些新见解。

在这些发展中，博弈论起了重要的作用，因为它将实验中所假设的人们追求利益或是"效用"的最大化进行了量化。在一个复杂的实验中，实际上使效用最大化的策略会是什么，并非总是非常明了。博弈论可以告诉你答案。不管怎样，卡默热发现了让人非常感兴趣的结果，即博弈论反映了人们在很多方面都违反了传统的经济学观点。但他告诉我，那些实验结果与亚当·斯密的观点并不相悖。

在一次交谈中，我们在加州理工学院校园的一家咖啡店里，卡默热强调说斯密从来没有主张说所有人是天生自私的，只为了自己不考虑别人。斯密只是指出即使人们完全自私地行事，经济系统仍会有效地运作使一切向着好的方向发展。"这个观点是说，如果人们想要赚很多钱，实现的方式就是给你你所想要的，而他们并不关心你本身。这并不是在逻辑上暗示说人们对他人漠不关心，它只是表明即便彼此不关心，还是会有一个有效的资本主义经济去创造出人们最为想要的"，卡默热说，"我想亚当·斯密从某种程度上被误读了。人们说，'天哪，亚当·斯密证明了人们彼此之间互不关心。'他所推测的，而且后来被数学验证的，是即使人们彼此不关心，市场也会很好地产生出合适的商品。但逻辑上这并不意味着人们互不关心。"[14] 所以人类天性并不一定像某些人相信的那样坚持利己。当然有些人是自私的，但也有人不是。

实际上，在斯密关于道德情操的专论中，他指出同感是人类最为重要的情感之一。而且他描述了一个人的"公正的旁观者"（impartial spectator，一个长期计划者或"良心"）和情绪（包括饥饿、害怕、愤怒以及其他驱动力和情感）之间的冲突。大脑中的公正的旁观者权衡行为的代价和后果，鼓励控制情绪反应的理性选择。经济学家的传统观点是人们做出理性的经济选择，而斯密知道在现实生活中很多东西往往是由情绪操控的。卡默热和他的两个同事在 2005 年的一篇文章中写到，[15] "斯密认识到……当情绪足够强烈，公正的旁观者会被带入迷途或变得无力。"

无论如何，关于个人利益和效用的观点被斯密戏剧性地夸大了，以至于它成为之后的经济哲学的核心。而且不仅是经济学受斯密的观点影响，他的书也对现代生物学的诞生做出了重大的贡献。

第五节　达尔文主义之源

我不确定查尔斯·达尔文是否读过《国富论》。但他肯定读过关于它的评论，包括杜加尔德·斯图亚特在斯密传记中的赞美之词。而且达尔文熟悉斯密的《道德情操论》，在《人类由来》一书中引用了那本书"引人入胜的"第一章。而且虽然达尔文的《物种起源》没有提到斯密，自然选择和适者生存的观点却像是从思维上继承了斯密的经济竞争观点。

斯密对达尔文的影响早在 20 年前就被科学史学家西尔凡·施维伯（Silvan Schweber）指出。但我是在读到斯蒂芬·杰伊·古尔德（Stephen Jay Gould）的关于生物学的进化大部头时，第一次看到其中的联系。古尔德全面分析了达尔文的著作，并且找出达尔文的物种起源论产生所受到的各种历史的、哲学的、科学的和文学的影响。其中最吸引人的是常被当今神创论和智能（原文如此）设计的支持者引用的神学家威廉·佩利（William Paley）的作品。

佩利最著名的是他的钟表匠类比。如果你在地上找到了一块手表，佩利在1902年写道，你会看到它和石头没有丝毫相像。很明显，手表的各个部分是"有目的地组合在一起"，产生"规律的运动来指出一天中的时间"。这是必然的推断，佩利总结说，就是"这块手表必须有一个制造者……来理解它的结构，并且设计它的用途。"佩利的观点是生物世界满是有序的复杂体，精巧地适应高效生存的需要，那这一定来自于一种精巧的设计，所以，存在着一位设计者。为了促成其进化论，达尔文需要另一种逻辑来解释生命的效能。亚当·斯密提供了这种逻辑，古尔德总结说。

"实际上，我会提出更强的观点，即自然选择的理论，本质上是亚当·斯密的经济学迁移到了自然界，"古尔德写道，"参与'生存竞争'的单个有机体如同竞争中的公司。繁殖成功就好比利润。"[16]换言之，如斯密提出的，并不需要设计一个有效的经济系统（事实上，找个设计师是个坏主意）。如果不去干预，经济系统会自己建设得很好，因此这个经济系统中的个体可以自由地追求个人利益。达尔文在生物学上看到一幅相似的图画：追求自身利益（生存与繁衍）的生物个体就会逐渐地建立起一套有如经济体系一样复杂的生命体系。在一段话中，达尔文特别引用了一个斯密最为青睐的主题概念——"劳动力分工"。斯密在其著名的别针工厂案例中阐述了分工如何产生效率。在达尔文看来这和自然界中新物种的产生颇为相似。

达尔文在《物种起源》中写道："没有博物学家会怀疑所谓'生理学劳动力分工'的好处；因此我们会相信对一种植物来说，只在一朵花或一整株植物上产生雄蕊，而在另一朵花或另一株上产生雌蕊是有益的。"他提出，和这种分工相似的益处可以解释有机体的多样性。

"我想，我们可以假设一种物种的后代在结构变异上越多样化，它们就越会成功地生存，从而蚕食其他物种的领土。"达尔文写道。"因此在任何一块土地的综合经济系统（general economy）中，动物和植物的生活习性分化得越完全越广泛，这片土地上就会有越多的个体可以自足。"[17]

很明显，达尔文的生命"综合经济系统"反映了和亚当·斯密的"政治经济学"相似的观点。如古尔德总结的，斯密的观点也许在经济学上并非完全适用，但用在生物学上则非常完美。而且斯密的见解反驳了佩利关于造物主必须存在的观点。[18]

"被佩利认为是上帝最荣耀的杰作……'碰巧只是'相互竞争的个体在较低层面运作的结果。"古尔德宣称。[19]

第六节　酝酿中的博弈

在某种程度上，达尔文的《物种起源》代表了 19 世纪末，可以总结为对世界的科学认识的三部曲中的第三部。正如牛顿征服了 17 世纪的物理世界，斯密编码了 18 世纪的经济学，19 世纪的查尔斯·达尔文将生命添加到这个名单中。斯密追随着牛顿的足迹，而达尔文又追随了斯密。因此到了十九世纪末，全面理性地认识一切的根基已经建立。

奇怪的是，20 世纪并没有出现具有类似影响和声誉的书。[20]比如说，没有书本来阐明长期探寻的"自然法典"。但是出现在 20 世纪中叶的一本书，可能有朝一日会因朝着那样一本人类社会行为综合手册迈出重要的第一步而被记起：约翰·冯·诺伊曼（John von Neumann）和奥斯卡·摩根斯特恩（Oskar Morgenstern）合著的《博弈论与经济行为》。

第二章

冯·诺依曼之博弈论——博弈论的起源

> 包含机遇和技巧的博弈最能刻画人类的生活，特别是军事活动和药物试验，这些都是既依赖于技巧能力也离不开运气机遇……因此，用数学方法对博弈论的构成进行深入地研究是很有意义且吸引人的。
>
> ——威廉·弗里德·冯·莱布尼茨（引自摩根·奥斯卡，《历史学概念辞典》）

在很多人眼中，经济学是门"糟糕的科学"，这是有道理的。

在绝大多数科学领域中，科学家能够做出相当准确的预测。混合两种已知的化学物质，化学家在反应结果出来之前就告诉你将得到什么物质，问一个天文学家下一次日食将何时出现，他不仅会回答你准确的日期、时间，还会告诉你最佳观测地点，即便那是几十年后的事。

然而，把一群人和一堆金钱放在一起，得到的结果总是荒谬疯狂的。也没有任何一位经济学家能准确预知股市的下次大衰退何时发生。尽管如此，很多经济学家仍然相信总有一天他们会从事更严谨的科学。事实上，在他们中的一部分人看来，现在的经济学已经很科学了，不过前提是把经济看作是一个规模庞大的游戏，或者说是博弈。

乍一看，在博弈论这个数学基础上来建立经济科学是可行的，这就好比通过垄断来实现对房地产走势的预测一样。事实却并非如此，在过去的半个世纪，尤其是过去的 20 年里，博弈论，这个经济学家长期缺乏的严密的数学工具，才最终被建立起来了。

博弈论的一个贡献在于，它使"消费者怎样比较各种选择"这个曾经模糊的经济学概念得以精确化（通过一种叫做"效用"的度量，但是这个词看似简单，其实并不容易）；更重要的是，它能展示如何决定获取最大可能"效用"所必须要采取的战略，即为了获得最大利润——假定这也是激烈的经济生活中每个理智的参与者的目标。

尽管人类进行博弈游戏的历史已经有上千年，进行经济交换的时间可能也有这么长，但直到 20 世纪，才有人把这两者用数学方法明确地结合在一起。采取把真实世界的各种选择和金钱用数学方法变换到牌局和象棋这类游戏领域的方法，把博弈游戏和经济结合起来，这种结合方式是人类用数学量化人类行为的一大创举。博弈论的创立主要是由天才数学家冯·诺依曼（John von Neumann）完成的，他是 20 世纪最杰出的思想家之一。

第一节　广博的研究

如果说 20 世纪有人是"学识渊博"的象征，那么他只能是冯·诺依曼（John von Neumann）。不过令人痛惜的是，他太英年早逝了。

如果冯·诺依曼能活到正常的年纪，比如 80 岁，那么我也许就有机会聆听他的教诲，甚至亲自拜见他，领略他那卓越不凡的天才。然而，天妒英才，才只有 53 岁，他就离开了这个世界。不过，即便如此，他在有生之年给诸多学科留下的宝贵遗产还是令人叹为观止的。他对物理、数学、计算机科学和经济学都做出了杰出贡献，并因此在上述每个领域都作为具有突出贡献的伟大科学家被后人瞻仰。谁人敢想，要是他专注于一门学科将会取得什么样的成就？

当然，他已经硕果累累了，比如，他提出量子力学中的标准数学公式。虽然准确地说，他不是现代数字计算机的发明者，但是他发展了计算机科学并开创性地将其应用在科学研究中。不仅如此，虽然初衷只是为了娱乐，他的研究成果却带来了经济学的巨大变革。

冯·诺依曼于 1903 年出生于匈牙利。出生时，父母给他取名 Janos，但是这个名字后来变成了小名 Jancsi。他父亲是一个富有的银行家（他的贵族头衔"冯"就是父亲花钱获得的）。孩童时代，冯·诺依曼超群的智商使大人们都惊异不已：他能用希腊语讲笑话，能记住电话本上的号码。之后，他被布达佩斯大学（University of Budapest）录取，攻读数学，但不用上课，因为他同时还在柏林大学（University of Berlin）攻读化学。每学期末，他匆匆赶回布达佩斯参加考试，轻松夺得高分，然后回柏林继续化学课程的学习。他先后在柏林大学和苏黎世大学完成了化学专业的学习。

我曾讲过冯·诺依曼成年时的一些智力轶事（在我的《the bit and the pendulum》一书中提过），比如有一次，兰德（Rand）公司要解决一个难题，而他作为顾问来决定这个公司是否需要台新计算机。结果冯·诺依曼得出的结论是：兰德公司并不需要，因为这位天才用他的大脑就把难题解决了。此外，在西尔维娅·娜萨（Sylvia Nasar）的关于约翰·纳什（John

Nash）的传记中，她提到了冯·诺依曼的另一段轶事，关于一个著名的数学脑筋急转弯问题：两位自行车手从相距 20 英里的两地开始相向而行，时速 10 英里，同时一只苍蝇以 15 英里的时速在两人之间往返飞行（在和其中任何一人相遇后就转头向另一个人飞去）。问当两位车手相遇时苍蝇飞了多远的距离？因为苍蝇从一自行车飞到另一自行车的距离是越来越短的，所以可以通过累加苍蝇每一段行程的办法来计算结果（这就是数学中无穷级数求和）。不过，如果你发现了其中的小技巧，题将片刻被解，即两个车手要一个小时才能相遇，所以苍蝇飞的路程显然是 15 英里。

毋庸置疑，当出题者拿这个问题考冯·诺依曼时，他仅用一两秒就给出了答案。"你知道这个小技巧啊？"，他们咕噜道。"什么小技巧？"冯·诺依曼问，"我用的是无穷级数求和啊"。

在他 1930 年第一次去美国之前，冯·诺依曼就已经在欧洲奠定了卓越数学家的一席之位。他提出了数理逻辑和集合论方面的主要观点，并在柏林大学讲学。但他绝不是个书呆子，他欣赏柏林丰富的歌舞夜生活，（对科学）更为重要的是，他非常喜欢打扑克牌。他在数学和牌局上的天赋，创造了经济学上的一个全新范例。在此过程中，他还发明了一些数学工具，这很可能会在日后揭示出在他的许多不同的科学兴趣内部潜在的深层的相似之处。不仅于此，像阿西莫夫（Asimov）书里的哈里·谢顿（Hari Seldon）一样，他向人们展示了如何用严密的数学方法来解决社会问题。

"冯·诺依曼是位聪明的数学家，他对其他科学分支做出了巨大贡献，基于他坚信这么一点：在人类相互作用的背后，一定存在着某种公平原则。"一位评论家这样写道，"从而，他的工作在将数学转变为研究社会理论的关键工具上起到了至关重要的作用。"[1]

第二节　效能和策略

绝大多数人认为，冯·诺依曼于 1928 年发表的一篇学术文章标志着博弈论的诞生。但博弈论的根源更为广远，毕竟从人类之初便有了博弈游戏，且睿智的思想家们一直在思考如何更为有效地进行游戏。但是，直到 20 世纪，博弈论才作为数学的分支以现代的形式出现，与另外两个颇为简单的思想相融合——效用和策略，前者是对你想得到的东西的度量；后者讨论如何得到你想要的。

效用主要是对价值或者选择的一种度量。这种思想有着悠久且错综复杂的历史，与被称之为功利主义的哲学理念密不可分。一位英国的社会哲学家和法律学者，杰里米·边沁（Jeremy Bentham），对此思想做出了更为著名的阐述。边沁于 1780 年对效用做了如下诠释："这是任何物体都拥有的属性，它趋向产生利益、优势、愉悦、善良或者幸福……或者……避免危害、痛苦、邪恶或者不快的发生"。[2]因此对于边沁而言，效用粗略地等同于幸福或愉悦——在"效用最大化"的过程中，个体将致力于寻求增加欢乐，减少痛苦。对于整个社会而言，效用最大化意味着"最大人数的最多幸福"。[3]边沁的功利学说融合了亚当·斯密的一位好友，大卫·休谟（David Hume）的某些哲学观点。英国的经济学家，大卫·李嘉图（David Ricardo），作为边沁的一个颇具影响力的后继者，把这种效用的思想融入了他的经济理念。

在经济学里，效用的作用取决于对其量化的表达。举个例子，快乐是不易量化的，但是，（正如边沁所说明的）可以把获取快乐的途径作为对效用的一种衡量。比如，财富就是一种途径，而它要比快乐容易量化得多。因此，在经济学里，通常的做法是通过金钱来衡量一个人的自身利益，这是一个比较不同事物价值的方便的交换媒介。但是，在生活中的很多方面，金钱并不能代表一切（除非你只是为了出版读物来赚钱），这样一来，找到一种普遍的定义，可以有效地以数学方式描述"效用"就显得很有必要了。

丹尼尔·伯努利（Daniel Bernoulli），这位瑞士数学家（他是那个时代著名的伯努利家族中的一员）于 1738 年，早于边沁很久便给出了一个著名的量化"效用"的数学方法。在解决他表弟尼古拉斯（Nicholas）提出的关于赌博的一个数学悖论的过程中，丹尼尔意识到"效用"并非简单地等同于数量大小。比如，给你一定数量的金钱，它的效用取决于在此之前你已经拥有金钱的数量，就 100 万美元的彩票大奖对比尔·盖茨的效用与对我的效用相比，要小得多。丹尼尔·伯努利提出了一种计算"效用"如何随着金钱的增加而减少的方法。[4]

显然，效用，这个人人都想最大化的东西有时变得非常复杂。但在许多通常情况下，"效用"简单明了。打篮球时，效用是获得最多的得分。国际象棋比赛时，效用是将死对手的王牌局里，效用是赢得那个放赌注的盘子里所有的钱。很多时候，难的不是如何定义"效用"，而是如何选择一个好的战略来使其最大化。寻找最佳战略，这正是博弈论的目的所在。[5]

真正意义上尝试用数学来解决这个问题的人是英国人詹姆斯·瓦得格拉夫（James Waldegrave），他在 1713 年开始了这方面的工作。当时，他正在研究一种名叫"le Her"的两人纸牌游戏，他描述了一种寻找最佳策略的方法，使用的正是今天广为人知的"最小最大化原理"（有时也叫做"极小化极大原理"）。可惜的是，他当时并没有得到人们的多少关注，他的工作也因此并没有对之后博弈论的发展产生影响。很多其他的数学家也曾涉足这一今天被称为"博弈论"的数学领域，但并无一致的方法，也并未产生清晰可循的影响。直到 20 世纪，才开始有真正严密的研究探寻博弈论策略背后的数学原理。最早的工作是由一位德国数学家恩斯特·策梅洛（Ernst Zermelo）完成的，他在 1913 年发表了一篇讨论国际象棋游戏的文章，被认为是数学意义上博弈论的开端。文章中他只是选用了国际象棋游戏来阐释更普遍的一种两人博弈中的策略，在这种博弈中，两个局中人所采取的每一步行动都没有随机的成分在里面。顺便提一句，这个特征十分重要，扑克牌游戏不仅涉及策略，也受发牌运气好坏的影响。如果不幸抓到一手坏牌，很有可能使用再高明的决策也无法取胜。然而，在国际象棋游戏中，每一步怎么走完全由当局的两位选手决定，不存在洗牌、掷色子、抛硬币或者转幸运盘之类的运气成分。策梅洛将自身研究局限于纯粹策略的游戏，不考虑涵带任何复杂的随机因素。

他的这篇关于国际象棋游戏的论文显然使一些读者感到了困惑，因为文章里很多结论比较模糊，甚至有些地方存在矛盾。[6] 但是，他似乎试图说明这么一个结论：如果白棋成功地建立优势排列——一种"获胜的构造"——那么就可能以比各种可能的排列更少的步数结束比赛（在这里，优势排列是获得一种能保证白棋获胜的局势，不管黑棋怎么走白棋都会赢，当然也要假设白棋不会走坏棋）。

利用集合论的原理（冯·诺依曼的数学专长之一），策梅洛证明了这个命题。在他的最初证明中，有些内容需要他本人和其他一些数学家之后艰辛工作的支持。但是，因为证明的意义在于它说明了可以用数学来分析这类策略博弈的重要特征，而关于国际象棋游戏中的具体策略那部分与前者相比就显得不是那么重要了。

正如所证明的，国际象棋游戏是个很好的例证选择，因为它是"二人零和博弈"这种重要的策略博弈的一个完美的例子。在这种博弈中，只要一人赢了，不管赢的是什么，另一个人的结果就是输，对决双方的利益是相反的，所以称为"二人零和博弈"（国际象棋游戏也是一种"完全信息"游戏，这就是说任何时候，棋局的局势、所有的当局者的决定都是透明的，比如玩扑克牌的时候，出的牌都是翻开的）。

不过，策梅洛并没有确切讨论国际象棋中的最佳策略是怎样的，甚至都没有涉及是否一定存在这种最佳策略。最早推动这个方向发展的是杰出的法国数学家 E. 波莱尔（Emile Borel），他于 20 世纪 20 年代初证明了在某些特殊情况下，二人零和博弈中存在最佳战略，但是对于能否证明在普遍情况下都存在最佳策略这个问题，他仍抱有疑虑。

这正是冯·诺依曼所做的工作。他说明了，在二人零和博弈中，总有一种办法找到最佳可能策略，这个策略能够使一个人的收益达到最大（或者说损失最小），而不用管这个得失的具体内容是什么，战略只与博弈规则和对手的选择有关。这就是冯·诺依曼最初于 1926 年 12 月提交"哥根廷数学学会"，之后于 1928 年在其本人的论文中充分阐述的最小最大化原理[7]，此篇文章名为"Zur Therorie der Gesellshaftsspiele"（客厅游戏理论），为他日后在经济学上的重大改革奠定了坚实的基础。[8]

第三节　博弈进入经济学

在 1928 年的论文里，冯·诺依曼只是进行严格的数学研究，讨论的是战略博弈论的理论，并没有想到要与经济相联系[9]。只是在几年以后，在经济学家奥斯卡·摩根斯特恩（Oskar Morgenstern）的协助下，他才开始把博弈论与经济学结合起来。

摩根斯特恩 1902 年出生于德国，1929 年至 1938 年期间在维也纳大学教授经济学。在 1928 年，也就是冯·诺依曼发表关于最小最大化原理的同一年，摩根斯特恩出版了一本书，讨论了经济预测的问题。他涉及的一个重要问题是"预言对所预测对象的影响"。摩根斯特恩知道这是社会科学独有的问题，当然也包括经济学。当化学家预测试管里分子的反应时，分子对此并无察觉，不论化学家的预测正确与否，分子还是按照本来规律反应。但是，在社会科学里，人类与那些分子相比显示出更为多的独立性。尤其是，当人们知道有人在预测他们的行为后，很有可能故意逆其道而行之，就是不让预言实现。更有可能的情况是，有些人会研究这些预测，并使预言朝有利于自己的方向发展，他们会破坏这些预测实现的条件，这样结果就有了很大的随机成分了（顺便提及一下，在《基地三部曲》中，塞尔登计划要保密也正是出于这个原因，一旦有人了解其中的内容，这个计划就没有任何作用了）。

摩根斯特恩是通过"福尔摩斯历险记"中的一段剧本——"最后一案"来解说这个问题的：在从伦敦去往纽约的途中，福尔摩斯一直试图逃避莫里亚蒂教授，但是在深思熟虑这方面，福尔摩斯并不比莫里亚蒂教授占明显优势。莫里亚蒂很可能猜到了福尔摩斯在想什么，但是福尔摩斯跟着也可能会预料到莫里亚蒂教授已经洞察了他的想法，然后这样继续下去：我知道他已经知道了我了解了他的打算，这样无限循环下去，或者至少让人厌烦地重复下去。[10]这样一来，摩根斯特恩总结认为，这种情况，需要靠策略来取胜。他在1935年发表了一篇论文，通过福尔摩斯与莫里亚蒂教授的问题解释了理想情况下未来预知的悖论。

正是在这个时候，在摩根斯特恩做了一场关于这个问题的报告后，一个名叫爱德华·切赫（Edward Cech）的数学家与他进行了探讨，并告诉他冯·诺依曼1928年发表的关于"客厅里的博弈游戏"的论文与他的思想颇为相似。听到这些，摩根斯特恩欣喜若狂，想找个机会拜会冯·诺依曼，并探讨冯·诺依曼的那篇文章和他自己在经济学方面的见解之间的关系。

1938年，这个机会来到了，摩根斯特恩接受一个长达3年的到普林斯顿大学授课的职位（冯·诺依曼当时正在附近的高等研究院工作）。据摩根斯特恩本人说："我想去普林斯顿的主要原因是，到了那里，我就有机会认识冯·诺依曼了"[11]。摩根斯特恩的最后一案的故事重新点燃了冯·诺依曼对博弈论的兴趣热情。于是，摩根斯特恩立即着手写论文讨论博弈论与经济学的关系。冯·诺依曼审阅了初稿并提出了很多意见，最终，冯作为合著者参与到论文的写作中来，论文不断地得到了补充。到1940年的时候，这篇论文已经涵盖了很多十分重要的内容，但两人仍然对其不断完善，最后以一本书——《博弈论与经济行为》的形式，于1944年由普林斯顿大学出版社出版了（不过，后来的历史研究者认为冯·诺依曼一人独自完成了这本书中的大部分内容）[12]。

这本书立即被誉为"博弈论中的圣经"，在坚信"博弈论"的人眼中，它在经济学中的地位与牛顿定律在物理学中的地位等同，是牛顿化的亚当·斯密，为描述个体之间的相互作用对整体经济的影响提供了严格的数学工具。书中，两个作者这样写道："我们希望建立一种合适的策略博弈理论，它能使经济行为中的典型问题与理论中的数学概念严格地等同起来。"他们断言，"这样建立起来的博弈论是用来发展经济行为理论的合适有力工具"。[13]两位作者随后通过一本长达600多页，配以丰富的公式和图表的书，发展完善了理论。书的前几章可读性尤强，作者以丰富的开场白阐述了自己的目标与工作的内容，说服那些不太相信博弈论的经济学家，其所从事的领域将需要一场大的变革。

冯·诺依曼和摩根斯特恩注意到：很多经济学家已经开始使用数学，但是相对于其他科学，尤其是物理这样的科学，数学在经济学中的使用是远非成功的。书的开头以物理为模型，说明了数学如何能把模糊的知识变得精确而实用，这正是经济学所不具备的。在经济学中，基本思想都被描述得如此模糊，这也就注定了之前把数学应用到这个领域的尝试只能以失败告终。两位作者这么写道，"经济学问题总是描述得很不清晰，以至于一开始就显得数学处理无能为力，因为它不知道问题究竟是什么"。[14]经济学所需要的是一种理论，它能使精确且具有实际意义的度量成为可能，博弈论正是为此而生。

冯·诺依曼和摩根斯特恩十分谦虚谨慎，他们强调，他们所提出的理论仅仅是一个开端。他们在书中这样写道，"直到现在为止，还没有一种普遍通用的经济学理论体系，如果这种理论有一天会被发展起来，那也不太可能是在我们的有生之年了"。[15]但是博弈论却能为这样的理论提供坚实的基础，它致力于以最简单的经济交互为引导，发展更为普遍的原理，以使其某一天能够解决更为复杂的问题。正如伽利略通过研究物体下落的简单问题开启了近代物理的帷幕，经济学也将从了解简单的经济行为起航。

冯·诺依曼和摩根斯特恩认为，"在每个科学领域，对简单问题的研究相对于最终目标而言，虽然显得微不足道，但确在此过程中发展了可以不断加以完善的方法，这其实就是科学中最重要的进步。"因而，研究经济中最简单的情况——个体买方与卖方的经济交互是有意义的。虽然经济科学作为整体，包含生产、定价、赚钱、消费这么一个完整且复杂的体系，但究其根本，还是参与经济的个体的选择。

第四节　鲁滨逊遭遇盖里甘岛

在冯·诺依曼和摩根斯特恩研究这些问题的过程中，当时的经济学权威教科书将他们的一种简单的被称为"鲁宾逊经济"的模型奉为经典，在这个模型中，鲁宾逊孤身一人流落到孤岛上，处境艰难。这种情况下，他自己就是一个经济整体：自己决定怎样使用岛上的资源，使自己的收益最大化，而一切条件完全来自于自然环境。

马萨诸塞州大学的一位经济学家，塞缪尔·鲍尔斯（Samuel Bowles）曾向我讲解道：在教科书中，经济学被视为许多个体鲁宾逊的活动。在大型的经济生活中，消费者与价格之间相互作用，就像鲁宾逊与自然之间一样。这就是新古典主义的经济学观点。"每个人都这么教"，他告诉我，"但是奇怪的是，这种理论所讨论的社会交互是建立在并不参与社会活动的人之上的，也就是说，只与自然作用，跟其他人没有相互影响"。鲍尔斯认为："博弈论采用的是一种截然不同的理论框架，在这种框架下，一个人的利益由其他人的行为决定，你的利益由我的行为决定，这样一来，我们就不得不策略性地思考问题了"。[17]

这也正是冯·诺依曼和摩根斯特恩在 1944 年的著作中强调的。鲁宾逊·克鲁索经济从根本上与盖里甘岛经济不同。它不仅仅是影响你关于商品价格和服务的选择的来自他人的社会影响的综合。你的选择结果，以及获得你想得到的利益的能力，这些不可避免地都与他人的选择联系在一起。两位认为[18]，"如果两个或更多的人相互之间交换货物，那么通常每个人的结果不仅依赖于他自己的行为，也受到其他人行为的影响"。

从数学上而言，这意味着鲁宾逊的最大利益再也不是简单的只与他自己有关，因而计算中要包括具有竞争关系的目标的混合，涉及盖里甘、船长、百万富翁和他妻子、电影明星、教授和玛丽·安（Mary Ann）的最大利益。"这是古典数学里所没有处理过的问题"，书中这样写道。

事实上，边沁关于"最多人的最大化的利益"的阐述是没有数学意义的。这就像是在说你想用最少的花费获得最多的食物一样。仔细想想，你可以一分钱也不花（当然也就什么也没有），也可以拥有全世界的食物，前提是支付也很大。那么，你的选择是什么呢？这显然不能通过计算得到答案！在盖里甘岛经济中，不是关于最大人数的最大化利益，而是每个个体都想获得他的最大可能利益。换句话说，"不同的参与者同时要求获得最大的利益"。[19] 在每个个体寻求其最大利益的同时，他们的行为都会受到其他人行为的期望的影响，反之亦然。这与那个古老的"我知道他知道我知道"的故事相似。这就构成了社会经济，这个经济里有众多参与者，与鲁宾逊·克鲁索经济从本质上不同。冯·诺依曼和摩根斯特恩这样宣称，[20] "策略博弈论正是为了解决这个问题而出现的"。

当然，说起来容易，做起来难。意识到盖里甘岛问题比鲁宾逊·克鲁索问题复杂是回事，找到如何用数学来计算这个问题就是另一回事了。当然，你可以从简单的例子着手，比如，可以先分析两个人之间的相互作用。然后，在理解了两人如何交互作用之后，就可以用同样的原理来分析增加一个人会是什么情况了，再增加一个人，依此类推（事实上，一旦你掌握了把一个社会中所有个体的行为当作一个整体来分析的数学方法，你也就掌握了难以捉摸的自然法则了）。

不过，不难看出，一旦加进一个人，事情就迅速变得很难理解了。游戏（或经济）中的每个人基于很宽泛的变量进行选择。在鲁宾逊·克鲁索经济里，他的变量集合包含了所有影响他获得最大利益的因素。但是如果米诺（Minnow）在克鲁索的岛上靠了岸，每一个新加入的局中人都将带来他或她自身的变量，那么，克鲁索就不得不把这所有的变量都考虑进去了。

更重要的是，更多的局中人意味着更复杂的经济，更多的商品与服务，以及生产的更多不同途径。这样一来，社会经济瞬间变成了数学梦魇，即使是全才教授也无法解决。但是，为了经济学的发展，为了更好地理解社会，仍有希望，而希望就来自于测量体温的简单想法。

第五节　测量社会的体温

在将经济学和物理学做对比的过程中，冯·诺依曼和摩根斯特恩多次提到关于热的理论（或者用个更加有名的名字，热力学）。比如，他们指出，为了寻找精确地衡量热的办法并没有直接产生热力学理论，因为物理学家首先需要一种理论米理解如何用准确清晰的方法来衡量热。类似的，博弈论需要首先发展起来，为经济学家提供正确衡量经济变量所需要的工具。

热力学理论的例子还起了另外一个重要的作用，它使得博弈论里一个基本的问题得以阐述清楚。在书的开端，两位作者就申明，他们无意讨论"效用"的各种不同定义之间的微妙差别，这是哲学上的一片沼泽，他们不想冒这个险。在他们看来，如果只是为了经济上的应用而发展博弈论，那么只要简单地将"效用"和货币等价起来就可以了。如何来衡量效用呢？对于商人，用金钱（作为利润）来衡量是合乎逻辑的；对于消费者，付出（最小的花销）是个不错的选择，或者你也可以认为一个物体的效用就是你愿意为它付出的价钱。金钱可以被用作货币，将任何人的需求转化为更为具体的物体、事件、体验或者其他的任何东西。所以，将效用与金钱等同是一个方便简化的假设，在这种假设下，理论就可以集中关注如何获得你想要的东西，而不必陷于如何界定你想要的东西的复杂问题之中。

不过，问题并没这么简单，关于效用还有一个重要的方面是冯·诺依曼和摩根斯特恩不得不讨论的。首先，是否能够用数值的方法定义效用，以使它更易符合数学理论？（伯努利曾提出一种计算效用的方法，但是他没有尝试证明这个概念可以为做理性抉择提供可靠一致的基础）。只要效用可以用数值的概念来体现，金钱（显然是数值的）绝对是对效用的复杂概念的一个很好的替代。既然这样，他们要解决的问题就转化为证明效用可以用一种严格的数学的方式定义。这意味着确认原理，从其中，效用的表达可以被推导出，并能得到量化。

正如事后证明的那样，效用可以量化，使用的方法和物理学家用来建立有关温度的严密的科学定义的方法并无差异。毕竟，效用和温度的原始表述是近似的。效用，或者说优先选择，可以被看作是排序，如果你认为 A 优于 B，B 优于 C，当然也就认为 A 优于 C 了。但是，要想用数字来表示 A 优于 B 多少，B 优于 C 多少，就不那么容易了。这曾经与热力学极为相似——在热力学发展起来之前，我们能做的是比较两个物体的冷热，但并无必要说出相差多少，当然这也不精确。但是现在，基于热力学原理的绝对温度值给予温度一个精确量化的意义。冯·诺依曼和摩根斯特恩说明了如何类似地将排序转换为对效用的数值上的精确衡量。

这种方法的本质可以从"大家来交易"（let's make a deal）这个游戏的改进版中看出来［年轻的读者可能对此不熟，这是名噪一时的电视游戏秀，在这个游戏里，主持人芒太·霍尔（Monty Hall）会给游戏选手一个交换他们手中奖品的机会，当然，交换的结果可能是更有价值的东西，但是也得冒着得到一个不值钱小礼物的风险］。假设，芒太给你 3 个选择：一部宝马敞篷车，一台高端宽屏等离子电视，或者是一辆二手三轮车。我们认为你最想要宝马，其次是电视机，最后是三轮车。在这种情况下对这 3 种产品的相对效用进行排序是很容易的。难的是怎么抉择，你的选择会得到那台等离子电视，或者 50％ 的机会得到宝马。也就是说，已知电视机在 1 号门后，宝马则在 2 号或 3 号门的后面，另一个后面就是那辆三轮车了。

这样你就得好好想想了。如果选择 1 号门，那就意味着你认为电视机的价值比一半宝马的高，但是假设游戏更加复杂，有更多的门，并且获得宝马的机会变成 60％ 甚至 70％，怎么办？在某一点，你将可能想去选择获得宝马的机会，这时，你就可以得出结论：效用在数值上是相等的。也就是说，对于你而言，等离子电视机价值等于宝马的 75％（为了技术上的精确，还要加上三轮车的 25％）。由此，我们得出结论：如果要给"效用"一个数值的价值，就不得不武断地给一种选择赋值，这样一来，利用"大家来交易"里概率的思想，就可以拿这个给定数值的选择和其他选择相比较了。

到此为止，一切看起来都显得如此合理。但是，还有一个问题：在社会经济中，问题不仅仅是你个人的效用，你必须考虑其他人的选择。在小规模的"盖里甘岛"经济中，纯粹的战略选择可能会被诸如部分游戏参与者之间的联合这样的因素破坏。如何解决呢？热力学理论再一次为我们提供了帮助。

温度是对分子运动快慢的衡量，总体而言，描述单个分子的速度就像计算鲁宾逊·克鲁索的效用一样简单。但是对于"盖里甘岛"，就变得很困难了，这就像热力学中，要想计算较少数目的相互作用的分子的速度实际上是不可能的。但是如果计算的是亿万以上的分子，情况又不一样了，此时分子间的相互作用趋于平均，利用热力学理论就可以对温度做出精确的预测（当然，这背后的数学是统计力学，在之后关于博弈论经历的章节中，将会看到它更为重要的作用）。

冯·诺依曼和摩根斯特恩指出："大数目通常要比小规模的数目更容易处理"。[21]这也正是阿西莫夫（Asimov）在《心灵历史学家》中提出的观点，他认为：对于数目庞大的问题，尽管不能监测每个分子个体，但能预测它们的整体行为，这正是测量气体温度时所使用的方法。这种情况下，可以测量和所有分子的平均速度相关的某个数值，这个数值能反映单个分子之间是如何相互作用的。那么，为什么不能用同样的办法来处理人与人之间的问题呢？哈瑞·塞尔登（Hari Seldon）想到了这一点。对于一个规模足够大的经济，这个方法是适用的。"当参与者的数目变得尤为庞大时，"冯·诺依曼和摩根斯特恩写道，"每个参与者个体的影响就有可能可以忽略不计。"[22]

借助在书的开端对"效用"建立的坚实的基础，通过将金钱作为对效用的衡量，两位作者后面的工作就进展得很快了。书的主体也就投入了探讨如何寻找获得最多金钱的最佳策略的问题上面。

基于这一点，一个很重要的问题需要弄明白，那就是书中的策略究竟指的是什么。在博弈论中，策略是一种特定的行为过程，而不是游戏中的一般玩法。例如，这和打网球不同，网球中，策略仅仅指"主动进攻"和"保守打法"。博弈论中的策略是对可能出现的种种情况所做出的一系列的选择。在网球比赛中，你的战略可能是"当对手发球时绝不冲到网前；无论比赛时是平局还是领先都要尽力发球和截球；落后时一定要呆在后场"。当然对其他情况你还有其他的应对策略。

博弈论中有关策略的另外一个关键点是——"单纯策略"与"混合策略"的区别。在网球赛中，你可能会在每次发球后迅速地冲到网前（这是一个单纯策略），你也可能每3次发球中有一次冲到网前，另两次守在底线（这就是混合策略）。通常，要想让博弈论发挥作用，混合策略是不可或缺的。

对于任何一件事情，问题不在于是否总存在一种好的普遍适用的策略，而是是否存在涵盖所有可能情况的策略行为的一系列最优的准则。事实上，对于二人零和博弈，答案是肯定的。利用冯·诺依曼 1928 年发表的论文中的最小最大化原理，一定可以找到这种最佳策略。他的关于这个原理的证明是出了名的复杂。但是其本质精华可以被提炼为简单易记的道理：打扑克时，虚张声势不可避免。

第六节　掌握最小最大化原理

在二人零和博弈中使用最小最大化原理的奥秘在于，你要铭记，一方赢得什么，另一方就失去什么（这正是零和的定义）。所以，你的策略就是尽可能使自己的收益最大化，这必将使对手的收益最小化。不过，显然你的对手也会这么想。

当然，由于游戏的原因，很可能不论你玩得多好，最后什么也赢不到。游戏的规则和风险常常是先出招的人获胜，如果你第二个出招，你就输惨了。而且，某些策略可能会导致输得更多，这样一来，你就应当尽量最小化对手的收益（和你的损失）。问题是，采取什么样的策略可以达到这样的效果呢？是不是每次都应该坚守这种策略呢？

事实证明，在有些博弈中，你的确可能找得到一种纯策略，在这种策略下，不论对手采取什么行动，它都能使你的收益最大化（或损失最小化）。显然，你将使用这个策略，并且如果游戏重复，你将每次重复使用相同的策略。但是有时，受游戏规则的影响，你的最佳选择与对手的选择有关，而你又可能不知道对手的选择，这正是博弈论所感兴趣的。

首先，我们来看一个简单的例子。假设鲍勃欠爱丽丝 10 美元，他提议玩个游戏，如果他赢了，他欠的债将被减免（在现实社会中，爱丽丝会要求鲍勃花费多于 10 美元的代价去郊游野餐来抵消）。但是我们的目的是阐述博弈论思想，假设爱丽丝同意了这笔交易。

鲍勃建议游戏这么玩：他和爱丽丝在图书馆见面，如果他先到，就付爱丽丝 4 美元，如果爱丽丝先到，就付爱丽丝 6 美元，如果两人同时到，鲍勃付 5 美元（正如我之前说过的，爱丽丝肯定会让他再加大数目的）。

现在，假设两人住在一起，或者至少是邻居。两人都有两种策略到达图书馆：走路或者乘公共汽车（假设两人都很穷，都没有车，这也是鲍勃会为这 10 美元折腾的原因）。两人都知道公共汽车会比走路快。因而，这场游戏很简单了，两人都会选择坐公共汽车，这样两人最后同时到达，鲍勃给爱丽丝5美元。[23]下面讲的就是博弈论中的收益矩阵，告诉人们如何选取策略。下表中的数字代表左边一栏中的局中人（爱丽丝）的收益。

鲍勃

		乘车	步行
爱丽丝	乘车	5	6
	步行	4	5

注：在零和博弈中，收益矩阵中的数字代表矩阵左方的局中人（本例中的爱丽丝）的收益（因为是零和博弈，当然也就代表了矩阵上方的局中人鲍勃的损失了）。如果是负数，说明矩阵上方的局中人获得收益（也就意味着爱丽丝的损失）。在非零和博弈中，每一个矩阵单元包含两个数字，分别对应每个局中人（如果局中人更多，那么矩阵将很难写出）。

显然，爱丽丝必须选择乘公共汽车，因为无论鲍勃如何选择，这至少等同于，甚至高于走路的收益。而鲍勃也会选择乘车，因为不管爱丽丝怎么做，这都会使他的损失最小。选择走路最多有可能出现一样的结果，但也有可能更糟。

当然，这个例子太简单了，完全用不着博弈论。下面来看一个来自真实的世界战争的例子——博弈论教材的经典案例之一。

在第二次世界大战中，乔治·肯尼将军得知日军将向新几内亚岛派遣一支补给护航舰队。盟军自然想炸沉这支舰队。但这支舰队可能有两条可行路线——一条到达新不列颠的北边，一条到达南边。

每条路线都需要3天的行程，所以，原则上说，盟军有3天的袭击敌军的时间。但是，天气影响不可排除。据天气预报，如果走北边路线，会有1天的阴雨天气，使袭击时间最多为2天；而南边路线一直是晴天，为3天时间的轰炸提供清晰的能见度。肯尼将军必须做出选择，是将侦察飞行队派往北边还是南边。如果选择南边，而敌军舰队却走北边的话，他就少了1天的袭击时间（而可行的袭击时间也仅有2天）。如果侦察队去了北边，在敌军舰队走南边的情况下仍然还有2天的袭击时间。

经过分析，得出收益矩阵。如下表，表中数字代表盟军的收益，即袭击的天数。

		北	南
盟军	北	2	2
	南	1	3

如果只是从盟军的角度来看这个矩阵，并不能一眼看出采取了什么策略。但是从日军的角度出发，很容易得出走北边路线是唯一有意义的方案。如果日军舰队选择南边路线，至少要受到两天的袭击，甚至三天；但是如果选择北边，则最多受到两天袭击（有可能只有一天），这样和选择南边一样或者更好，而不会更差。肯尼将军因此可以肯定日军会让护送舰队走北线，这样一来，盟军当然只能派侦察飞行队也走北线了（事实上，日军最后的确走了北线，在盟军的炮轰下损失惨重）。

当然，合适的策略并不总是显而易见的。我们重新回到爱丽丝和鲍勃的例子，看看如果爱丽丝拒绝玩鲍勃的这个愚蠢的游戏，会发生什么。在知道如果玩鲍勃的游戏则无论如何也拿不回她的 10 美元时，爱丽丝会提出另一种玩法，这可让鲍勃费尽脑筋想策略了。

在爱丽丝的游戏里，他们连续在一个月里每个工作日去图书馆一次。如果两人都是乘车去的，那么鲍勃付爱丽丝 3 美元；两人都走路去，则付 4 美元。鲍勃乘车而爱丽丝走路去，因而爱丽丝后到，鲍勃付 5 美元；鲍勃走路而爱丽丝乘车，因而爱丽丝先到的话，鲍勃付 6 美元。是不是被搞糊涂了？不要紧，鲍勃也被搞糊涂了。看看下面的收益矩阵吧：

鲍勃

爱丽丝		乘车	步行
	乘车	3	6
	步行	5	4

鲍勃很快就意识到，这个游戏可不简单。如果他乘车去，则只需要付 3 美元，但是爱丽丝意识到这点后，就会走路去，这样鲍勃就得付 5 美元了。这样一来，鲍勃可能会决定走路去，因为这样一来，就有可能只付 4 美元了。可是爱丽丝也会算到这一点，这样她就会乘车，这样的话鲍勃可就得付 6 美元了。鲍勃和爱丽丝都不知道对方会怎么走，因而也就没有明显的"最佳"战略了。

不过，要记住这点，爱丽丝有要求这个游戏要重复的进行，总共 20 次，但并没有哪条规则说你必须每次都采取同样的策略（这就是纯策略了——永远不会改变的策略）。相反的，爱丽丝会意识到她应当采取混合策略，也就是说她会有时乘车，有时走路，这样就能让鲍勃猜不透了。当然鲍勃也会这样做，采取混合策略，让爱丽丝来猜他。

这其实就是冯·诺依曼天才见解的本质核心内容。在二人零和博弈中，你总是能找得到一种最佳策略，而在很多情况下，最佳策略即混合策略。

在这个特定的例子里，很容易得出爱丽丝和鲍勃的各自的最佳策略。记住，混合策略是一系列纯策略的混合，每一个纯策略被采用的百分比是特定的（或者说，有一个特定的概率）。[24]因此鲍勃想要计算出选择走路和乘车的策略的比例，图书馆的一本古老的有关博弈论的书帮了他的忙。[25]按照书中的理论，他会将爱丽丝选择走路时他采取每种策略的收益（也就是矩阵的第一行）和爱丽丝乘车时的收益（也就是第二行）进行比较，也就是从第一行中减去第二行（结果是−2和2，不过这里的负号无关紧要）。这两个数字决定了鲍勃选择两种策略的比例——2：2，或者说50：50（要注意了，这里第二列的数决定采取第一种策略的比例值，第一列的数决定第二种策略的比例值，只是在这个特殊的例子中两个数值是相同）。对于爱丽丝，就要用第一列减去第二列，得到−3和1（这里负号没有影响），因此她应该采取第二种策略（走路）是第一种策略（乘车）的3倍。[26]

结果即为：爱丽丝应当在1/4的时间里乘车，另外的3/4的时间里走路，而鲍勃则应当1/2时间走路，1/2时间乘车。两人还应当利用一些合适的随机选择的方法来决定什么时候乘车，什么时候走路。鲍勃可以用抛硬币的方法来决定，而爱丽丝则可以用随机数表选择，或者是用游戏转轮，转盘上有3/4的区域对应走路，而1/4区域对应坐车。[27]一旦其中任何一个人经常走路（或者乘车），那么另一方就可以做出更为有利的策略了。

记住，一定要让对方猜不透你的想法。正因为如此，在打扑克牌中，博弈论被浓缩为一定要故弄玄虚。如果你一有好牌就得意洋洋，坏牌就不吭声，对手就能很容易判断出你的牌了。

真正的扑克牌游戏是相当复杂的，无法用简单的博弈理论来分析。但是如果只考虑两个人玩一副牌的情况，如只有鲍勃和爱丽丝。并规定黑牌比红牌大。[28]发牌之前，每人下底注5元，这样一局赌注总额就有10元了。爱丽丝先玩，她可以弃牌或者再加注3元，如果弃牌，两个人都将手中牌翻开，谁有黑牌谁赢（如果两人都有黑牌，或者都只有红牌，则两人平分赌注）。

如果爱丽丝再加注3元，鲍勃可以选择也加注3元跟注叫牌（赌注就有16元了）或者弃牌。如果他弃牌，则爱丽丝获得13元，如果他叫牌，则两人亮牌，看谁赢得那16元。

这样的话，如果爱丽丝手中是红牌，那她只能轮空，指望鲍勃同样也是红牌。但是如果她下注，鲍勃可能会认为她有黑牌。如果他刚好是红牌，就会弃牌，这样爱丽丝就会用一张红牌赢了鲍勃。所以说虚张声势有时会转败为胜。但是，也有可能是鲍勃知道爱丽丝是在虚张声势［毕竟她不是伍尔坎（Vulcan）］，这样他就会继续跟注了。

这样，问题就变成了爱丽丝该以多大的频率来虚张声势，而鲍勃又该以多大频率在她虚张声势时加注？也许天才的冯·诺依曼可以心算出这些结果，但是我想绝大多数人还是需要借助于博弈论的。

上面所举的这类博弈中，收益矩阵说明了两个局中人都有 4 种策略可选。爱丽丝可以永远地轮空，或永远下注，在红牌的时候轮空，黑牌的时候下注，或在黑牌的时候也轮空，红牌的时候也下注。鲍勃也可以这么做，永远弃牌，或永远跟注，或在红牌的时候弃牌，黑牌的时候跟注，或黑牌的时候弃牌，红牌的时候跟注。通过计算收益矩阵，可以知道爱丽丝应该在 3/5 的时间内下注，不论这时拿到的是什么牌，在另外的 2/5 的时间里，只有在拿到黑牌时才下注。相反的，鲍勃不管拿到什么牌，应该在爱丽丝下注的 2/5 的时间中跟注；在另外的 3/5 的时间里，就应该看牌行事了：红牌弃牌，黑牌跟注[29]（顺便提一下，从博弈论的理论可以看出，这场博弈是不公的，如果爱丽丝总是先玩的话，她将得到特别的眷顾，运用博弈矩阵里所示的混合策略玩的话，能保证平均每把赢 30 美分）。

利用随机方法，从多种纯策略中进行选择并组成混合策略的思想正是冯·诺依曼证明最小最大化原理中的本质核心内容。通过选择正确的混合策略，在对手也精通博弈论的情况下，能够保证你获得可能获得的最大收益。如果对手不懂博弈论，那你可能会收益更大。

第七节 不仅仅是游戏

博弈论并不仅仅针对扑克牌或象棋游戏，甚至不仅仅关于经济学。它讨论的是做决策性的决定——不论是在经济中还是现实生活中的任何其他领域。任何人与人之间为了追求某种目标而相互竞争并交互作用的场合都是博弈论的用武之地，它可以清楚地描述使用各种不同策略所预期达到的结果。一旦你明确想要得到的结果，博弈论就可以计算出最合理的策略来实现它。如果你也赞同下面这个观点，即一群相互影响的人都在寻找他们的最佳策略，以获取自己心中渴望的东西，那么认为博弈论潜在地与指导人类行为的自然法则这个现代的观点相关就不难接受了。

冯·诺依曼和摩根斯特恩在书中并没有提及"自然法则",但的确暗示了博弈论是对社会组织中的"社会秩序"或"行为标准"的描述。并且,他们还花重墨讲述了"社会现象理论"如何需要一种像博弈论中的数学一样,不同于物理学中所使用的数学方法。他们写道:"博弈策略中的数学理论的确很有说服力,因为它的概念与社会组织的概念存在着相通相似"。

不过,在最初阶段,博弈论只是被局限于处理真实世界中策略问题的一种工具。在现实生活中,你可以找到二人零和博弈的例子,但是这种例子要么简单得根本不需要动用博弈论,要么就是太复杂,博弈论根本无法考虑周全。

当然,指望一本书能够提出一个全新领域并解决这个领域内的所有问题,有些不现实。所以,在将博弈论应用于比二人零和博弈更复杂的情况时,冯·诺依曼和摩根斯特恩并不完全成功也就情有可原了。不过,没过不久,博弈论的力量就得到了实质性的加强,而这一切,要归功于约翰·纳什(John Forbes Nash)所带来的美丽的数学。

第三章

纳什均衡——博弈论的基础

纳什的非合作博弈理论被公认为 20 世纪人类最杰出的智力成果之一，其意义可与生物学界的 DNA 双螺旋结构的发现相媲美。

——经济学家罗杰·迈尔森

正如推荐信所言，无需冗繁的形容，只需简短的一句话："此人是天才。"

这正是卡内基工学院的达芬（R. L. Duffin）教授对普林斯顿大学教员介绍纳什时的评价，年仅 20 岁的纳什于 1948 年以研究生的身份进入了该校。不到两年的时间，达芬教授的评价得到了证实。纳什的"美丽心灵"掀起了一场智力革命，并最终推动博弈论从一种时尚转变为整个社会科学的基础。

就在纳什来到普林斯顿的不久之前，冯·诺伊曼和摩根斯特恩以《博弈论与经济行为》一书开拓了新的数学领域，这是经济学界的路易斯安那购买条约，而纳什则扮演了路易斯和克拉克的角色。

事实上，纳什比路易斯和克拉克更少涉足政治。精神疾病剥夺了他的理性，而数学却昭示了他理性的精华。尽管如此，在其漫长的科研生涯别离之前，纳什成功地引导博弈论走向数学均衡的命运。虽然最初并不受欢迎，但是纳什的方法最终获得了大部分理论经济学家的认同，并使他摘取了 1994 年的诺贝尔经济学奖的桂冠。那个时候，博弈论已经应用于进化生物学并且在政治科学、心理学和社会科学中占了一席之地。在纳什诺贝尔奖光环的影响下，博弈论渗透到人类学、神经科学，甚至物理学之中。毫无疑问，纳什的数学方法使博弈论在科学世界中的广泛应用成为可能。

"纳什带领社会科学走向了一个新的世界，使对各种情况下的冲突和合作的研究有了统一的分析方法。"芝加哥大学的经济学教授罗杰·迈尔森（Roger Myerson）这样写道，"纳什确立的非合作博弈理论已经发展成了一种有效衡量动机的算法，它能够帮助我们更好地了解无论在任何社会、政治或是经济背景下的冲突和合作问题的实质。"[1]

因此可以毫不过分地这样说，事实上，纳什的数学方法提供了建立当代"自然法则"的基础。当然一切并非如此简单。从创立之初，在其整个发展过程中博弈论都备受争议。如今它仍为一些人所信奉，而为另一些人所轻视。一些人宣称他们找到了驳倒博弈论的实验证据；另一些人则提出他们的实验结果发展了博弈论，并对其做出了修正。无论如何，博弈论已在如此众多的科学领域中扮演着重要的角色，它再也不会像最初创立时那样被人们所忽视。

第一节　初创时的冷遇

当冯·诺伊曼和摩根斯特恩将博弈论作为数学方法引进经济学时，激起了不小的风波。然而，大多数经济学家却并不为所动。20 世纪 60 年代中期，经济学届的泰斗保罗·塞缪尔森（Paul Samuelson）大加赞赏冯·诺伊曼和摩根斯特恩的著作在其他领域的洞识和影响力。塞缪尔森写道，"这本书达成了除了它的初衷——对经济学理论进行变革之外的一切目标"。[2]

对于《博弈论与经济行为》一书，经济学家们并非充耳不闻。在它出版后的几年时间里，社会学和经济学的杂志对其进行了广泛的评论。比如，在《美国经济评论》中，里奥尼德·赫维克兹（Leonid Hurwicz）称赞该书"眼界开阔"并且"思想深刻"。[3]"冯·诺伊曼和摩根斯特恩的新方法似乎拥有巨大的潜力，人们希望它可以从现实主义的角度修正和丰富大量经济学理论，"他写道，"但从很大程度上来说，它们只是可能性：能否转换为现实仍要依赖将来的发展。"[4]一本数学杂志对这本书进行了更为热情的评论，一位评论家这样写道："后人将把这本书视为 20 世纪前半叶最主要的科学成就之一。"[5]

博弈论很快在世界范围内得到了广泛认同。1946 年，冯·诺伊曼和摩根斯特恩的著作登上了《纽约时报》的封面；3 年后，《财富》杂志又以主要版面对其进行了报道。

博弈论从一开始，也得到了对其在经济学之外应用的认同——如冯·诺伊曼和摩根斯特恩所强调的，它基本上是人们所长期探索人类行为的理论。赫维克兹在他的评论中指出，"作者用于解决经济问题的方法可以有效地推广至政治科学、社会学，甚至军事策略。"[6]诺贝尔奖提名获得者赫伯特·西蒙（Herbert Simon）在《美国社会科学杂志》上发表了类似的评论："博弈论的研究者……将从阅读中获得丰富的应用知识……将博弈论作为分析社会科学的基本工具。"[7]

　　然而，博弈论在其建立初始也显现出了严重的局限性。冯·诺伊曼解决了二人零和博弈，但对多人博弈问题仍无法解决。如果只是鲁宾逊·克鲁索和星期五玩游戏，博弈论可以很好地被应用，但它无法精确解决盖里甘岛问题。

　　冯·诺伊曼用于解决多人博弈的方法是假定这些人之间会形成联盟。如果盖里甘、船长和玛丽安娜组队来对抗教授、豪厄尔斯和金哲，那么就可以应用二人零和博弈的简单规则。博弈可能涉及很多人，但如果他们分成两队，在数学分析中就可以用队伍来替代多个个体了。

　　但是，正如后来的评论家所提到的，冯·诺伊曼的方法存在着矛盾，使博弈论的内在完整性遭到了破坏。二人零和博弈的核心是选择一个你所能做的最优策略来对抗一个理性的对手。你的最佳选择是不管对手做什么，都采取你自己的最优（很有可能是混合的）策略。但如果在多人博弈中形成了联盟，如冯·诺伊曼相信的那样，你的策略就必须依赖于与他人的协调。无论如何，当博弈论应用于非零和情况下的多人博弈时——也就是应用于现实生活时——还需要补充一些最初的博弈论所不能提供的理论。这正是约翰·纳什所为我们带来的。

第二节　美丽的数学

　　《美丽心灵》一书对纳什的数学方法仅为有限的介绍，特别对其之后在众多科学领域的显著作用也介绍得颇为简单。[8]但此书展示了很多纳什个人生活中的困扰。西尔维亚·纳萨（Sylvia Nasar）对纳什的描绘并无粉饰之意，纳什被描绘成不成熟、以自我为中心、傲慢自大、不够体谅、健忘。但是，他聪颖过人。

　　1928年，纳什出生于西弗吉尼亚的煤矿小镇布鲁菲尔德。上高中时，他表现出了对数学的兴趣（甚至参加了当地大学的一些进修课程），他决定要和父亲一样，成为一名电气工程师。但是当纳什进入位于匹兹堡的卡内基工学院（卡内基技术学院）时，他选择了化学工程作为自己的专业。他很快将兴趣投向了化学，但并未持续太久。纳什无法从摆弄实验器材中找到乐趣，最终转向了自己所擅长的学科——数学。

　　他第一次将数学和经济学联系在一起是在卡内基工学院修一门国际经济学的本科课程时。在那门课上，纳什写了一篇论文，其中涉及的观点后来被称之为"讨价还价问题"。正如之后观察家们提到的，这篇文章显然出自一个少年之手——并非因为它观点天真，而是因为这篇文章里谈及的讨价还价都是关于一些诸如球、球拍和袖珍小刀之类的东西。但是，文章中蕴含的数学原理却涉及到更为复杂的经济环境。

1948年，当纳什到来之时，普林斯顿已是博弈论的全球研究中心。冯·诺伊曼在距大学1公里的高级研究院任教，摩根斯特恩则是普林斯顿经济学系的一员。在普林斯顿数学系，一群年轻的博弈论爱好者们已经开始积极地探索冯·诺伊曼-摩根斯特恩理论的新领域。纳什参加了一个由阿尔伯特·乌·塔克（Albert W. Tucker）主持的博弈论研讨会，同时也在独自探索着博弈论的启示。

入学后不久，纳什就意识到他在本科时关于"讨价还价"问题的想法代表了一种新的博弈论观点。他准备了一篇论文发表（在冯·诺伊曼和摩根斯特恩的帮助下，他们"对文章给予了非常有用的建议"）。

"讨价还价"体现了博弈论的另外一种表述形式，博弈者们有着共同的利害关系。在二人零和博弈中，赢家获得的就是输家输掉的，而与之不同的是，讨价还价博弈提供了一种双赢的可能。在这种"合作性"博弈理论中，对所有人来说目标都是自己做得最好，但不必以牺牲他人利益为代价。好的议价结果是双赢。一种典型的现实生活的讨价还价场景就是公司和工会间的谈判。

在纳什的"讨价还价"博弈论文中，他讨论了存在多种途径达到互惠结果的情形。问题是找到一种使双方的利益（或效用）最大化的方式——其前提是双方都是理性的（知道如何量化他们的期望），是具有同等技能的协商者，并且都了解彼此的期望。

当对资源交换进行讨价还价时（在纳什的例子里，如书本、球、笔、小刀、球拍和帽子一类的东西），博弈双方可能会对物品有不同的估价（运动员可能会认为球拍比书更有价值，但是偏于智力导向的议价者可能会认为书比球拍更有价值）。纳什展示了如何评价这些不同的估价，计算每个人在各种交换中的效用，并提供了精确的数学图解，找寻最佳成交点——促成最佳交易发生的点（即最大化各自效用的增长）。[9]

第三节　寻求均衡

关于讨价还价理论的论文本身已确立了纳什作为博弈论领军人物之一的

地位，但是真正使他成为博弈论先驱的是他的博士论文。这篇文章引入了最终成为博弈论卓越构架的"纳什均衡"。

无可非议，均衡的概念对很多科学领域都有着重要的意义。均衡表明事物处于平衡或稳定状态。而稳定性恰恰是了解很多自然过程的核心概念。生态系统、化学和物理系统，甚至社会系统，无不在寻求稳态。因此，确定如何达到稳态常常是预测未来的关键。如果状态不稳定——大多数的情况下都是如此——你可以通过找到获得稳态所需要的条件来预测事物的发展趋势。了解稳态是一种掌握事物发展方向的途径。

最简单的例子是一块岩石在陡峭的山峰上保持平衡。这不是一个非常稳定的状态，你可以相当确信地预测未来：这块岩石将从山上滚落，在山谷中达到平衡点。另一个常见的有关均衡的例子是你试图在一杯冰茶中溶解太多的糖，在杯子底部就会聚集起一小堆糖。当溶液达到饱和，糖堆中的分子会持续地溶解，但与此同时，其他的一些糖分子会以同样的速率解析出来，落入糖堆。此时这杯茶就处于一个稳定的状态，保持着一定的甜度。

化学反应也遵循着同样的原则，只是更加复杂一些罢了。化学反应中的稳态表示的是达到一种"化学平衡"，在这种状态中反应物和生成物的数量保持不变。在一个典型的反应中，两种不同的化学物质反应生成第三种新的物质。但大多数情况下前两种物质并不会完全消失，只剩下新生成的物质。一开始，反应物会随着生成物的增加而减少，但最终会达到一个状态，每种物质的量都不再变化。反应仍在进行着——但是当前两种物质反应生成第三种物质时，一部分第三种物质也会分解来补充前两种物质的损耗。换句话说，反应在继续，但总体上并没有改变。

以上是化学平衡，用数学描述出来即为化学家所谓的质量作用定律。当纳什思考博弈论中的稳态时，他脑子里想的正是与之类似的物质平衡。在他的博士论文中，他用"质量作用"来解释均衡。他还提到，在博弈中，当玩家们对他们策略的收益"有经验上的了解"时，将达到均衡。[10]

在化学反应中，一旦达到均衡，各种化学物质的量不再发生变化；在博弈中，一旦达到均衡，人们将不再有改变策略的动机——所以对策略的选择将维持不变（换句话说，博弈达到了稳定的状态）。所有的玩家都对自己所采取的策略感到满意，认为当前策略比其他任何策略都要好（只要其他人也不改变策略）。类似的，在社会环境中，稳态指每个人都满足于现状。你不一定喜欢当前的状态，但是改变现状只会让事情变得更糟。因此没有改变的动机，就像山谷里的石头，达到了一个平衡点。

在二人零和博弈中，你可以用冯·诺依曼的最小最大化原理来确定平衡点。无论采用纯策略还是混合策略，如果偏离博弈论所确定的最佳策略，没有人会获得更多的收益。但是冯·诺依曼并未证明，当你从鲁宾逊·克鲁索与星期五经济系统转移到盖里甘岛或曼哈顿岛经济系统时，也会产生类似的稳态解。而且正如你看到的那样，冯·诺依曼认为分析大型经济系统（或博弈）的方法是玩家们形成联盟。

但是，纳什采用了不同的方法——如他几十年后描述的那样，违背了博弈论的"基本路线"。假设玩家之间不存在联盟或者合作。并且每个玩家都追求效用的最大化。是否存在着一组策略使博弈达到稳态，给予每个玩家可能性的最佳的个人收益（假设每个人都选择了可用的最优策略）？纳什认为答案是肯定的。借助一种称之为"不动点定理"的巧妙的数学技巧，他证明了所有的多人博弈（只要玩家的数目有限）都有一个均衡点。

通过两种不动点定理的任何一个［分别来自鲁伊兹·布劳威尔（Luitzen Brouwer）和角谷静夫（Shizuo kakutani）］纳什用了不同的方法推导出了他的证明。对不动点定理的详细解释需要复杂的数学，但是展示其核心观点却非常简单。取两张同样的纸，揉皱其中一张，并将它放在另一张之上，在揉皱的纸上必然存在着一点位于平整的纸上和其相对应点的正上方。这个点就是不动点。如果你不相信，可以将一张美国地图放在地板上——在美国境内的任何一块地板都可以（地图代表了揉皱的纸）。不管你将地图放在何处，总有一点会在其对应的真实地点的正上方。将同样的法则用于博弈论中的玩家，纳什证明了总是至少存在一个让所有竞争玩家的策略达到均衡的"稳定"点。

"均衡点，"他在博士论文中写道，"意味着…在其他玩家的策略不变时，每个玩家采取的混合策略都最大化其自身收益。"[11]换句话说，在博弈中至少存在着这样一种策略组合，如果你改变你的策略（其他任何人的策略都不改变）你会获得比之前差的结果。更通俗地讲，经济学家罗伯特·韦伯（Robert Weber）表示，你可以说"纳什均衡描述了一个没有人犯错的世界是什么样子的。"[12]或者像萨缪尔·鲍尔斯（Samuel Bowles）向我形容的那样，纳什均衡"是一种在其他人的状态给定的条件下，每个人都尽其所能，做到最好。"[13]

冯·诺依曼对纳什的结果不以为然，因为它的确使博弈论转向了不同的方向。但是最终很多人还是意识到纳什理论的闪光点和有效性。"纳什均衡的概念可能是博弈论中唯一最基础的概念，"鲍尔斯宣称，"绝对的基础。"[14]

第四节　博弈论的成长

纳什很快发表了他的均衡理论。1950 年的《美国国家科学院院刊》刊登了他一篇简短的（两页）题为《多人博弈中的均衡点》的文章。文章简要地（虽然对非数学家来说不是特别清楚）说明了多人博弈"解"的存在性（解意指存在一组策略，使得没有任何玩家能通过单方面改变其策略而获得更多的收益）。他把这篇文章扩展为他的博士论文，并在 1951 年的《数学年刊》上发表了名为《非合作博弈》的长文版。

纳什在他的文章中客气地指出，冯·诺依曼和摩根斯特恩已经建立了一种"富有成效"的二人零和博弈理论。但是，他们的多人博弈理论则仅限用于纳什所讲的"合作"博弈，也就是说它仅限于分析由玩家组成的联盟之间的交互。"我们的理论与此相反，它是建立在没有联盟的基础上的，因为我们假定每个参与者都独立决策，不与其他任何人合作或交流。"[15]换句话说，纳什设想出一种多人博弈的"自私自利"的版本，这也正是他称其为"非合作"博弈论的原因。当你仔细考虑这个理论时，就会发现它很好地概括了很多社会现象。在一个竞争激烈的世界中，纳什均衡描述了每个自利的人如何实现他可能的最大收益。"纳什得出的非合作博弈和合作博弈的区别对这个可能的实现起决定性作用。"博弈论理论家哈罗德·库恩（Harold Kuhn）这样写道。[16]

对我来说，纳什均衡的真正关键之处在于它将博弈论数学和物理定律进行了类比——博弈论描绘社会系统，物理定律描绘自然系统。在自然界中，每个事物都寻求稳态，也就是寻求一种能量最小的状态。岩石从山峰上滚落因为在山峰上的岩石具有巨大的势能，它滚下山释放了这种能量，这是万有引力的作用。在化学反应中，所有的原子都在寻求一种稳定的、拥有最小能量的排列，这是缘于热力学定律。

正如在化学反应中所有的原子同时在寻求一个能量最小化的状态一样，在一个经济系统中，所有人都在寻求利益最大化。一个化学反应会达到热力学定律作用所规范的均衡；一个经济系统也将达到博弈论所描述的纳什均衡。[17]

当然，现实生活并非如此简单。经常存在着复杂的影响因素。一辆推土机可以将岩石推回山上；你可以对一些分子添加化学药品来催化新的反应。

当人的因素被包含进来时，各种新的不可预见性使博弈论发挥的领域变得更加复杂（想象一下如果分子能够思考，化学反应将变得多么难以捉摸）。[18]

然而，纳什的均衡观念却抓住了社会的一个关键特征。运用纳什的数学方法，你可以和适当情形下的博弈作比较，从而得出人们如何在一个社会情境中达到稳态。因此如果你想将博弈论应用于现实生活，你需要设定一种能体现你所关注的现实生活情境本质特征的博弈。而且，即使你不曾注意到，生活中也包含了各种各样的情境需要我们来应对。

因此，博弈论理论家们已经设计出了比你在 Toys R Us 玩具店能买到的玩具还要多的博弈。细读博弈论的文献，你便会发现便士匹配博弈、小鸡博弈、公共物品博弈和性别大战，还有猎鹿博弈、最后通牒博弈和"长吸管"博弈，以及数以百计的其他博弈。但至今这些博弈中最有名的是一个被称为"囚徒困境"的博弈。

第五节　背叛还是合作

如同在我所有的书里一样，埃德加·爱伦·坡（Edgar Allan Poe）又一次预见了问题的关键点。在《玛丽罗热疑案》中，爱伦·坡描述了一起谋杀案，杜宾侦探相信它是由一个团伙所为。杜宾的策略是以豁免的机会诱使团伙中的第一个成员坦白。"团伙中的每一个人，在这种处境下，并不十分……渴望逃跑，而是害怕背叛，"坡的侦探这样推理，"他急切地更早地背叛，这样他自己就不会被背叛。"[19] 很遗憾，爱伦·坡（实际上他本身是个训练有素的数学家）没有思考过如何解决这种背叛问题的数学——否则他可能早在一百年前就提出了博弈论。

事实上，纳什在普林斯顿的教授，阿尔伯特·乌·塔克（Albert W. Tucker），于 1950 年第一次在博弈论中描述了囚徒困境。那时塔克正在斯坦福访问，他提到了自己对博弈论的兴趣。塔克意想不到地被邀请在一个研讨会上发言，因此他很快地想到了两名罪犯被警察抓住并被分开审问的场景。[20]

就像你想的那样，警察们有足够的证据证明两名罪犯次要罪行，但是要使持枪抢劫的主要罪行成立还需要其中一个人来揭发他的同伙。因此，如果两个人都保持沉默，将分别被判一年的刑。但是不管其中的哪个人揭发了同伙，他就将被释放。如果只有一个人招供，他的同伙将被判 5 年。如果两个人相互出卖，将都被判 3 年的刑（由于坦白从宽减免两年）。

鲍勃和爱丽丝被判入狱的年限

爱丽丝

		保持沉默	背叛
鲍勃	保持沉默	1,1	5,0
	背叛	0,5	3,3

　　看到这个博弈矩阵，你将很容易找到纳什均衡。只在一种选择组合下两人都没有改变决策的动机——他们相互背叛。让我们仔细考虑一下。假设我们的博弈专家爱丽丝和鲍勃决定犯罪，但是警察抓住了他们。警察对鲍勃进行审讯，并告知了博弈的规则。鲍勃必须马上做出决定。他要考虑爱丽丝会做什么决策。如果爱丽丝出卖了他——据他对爱丽丝的了解，这很有可能——他最好的选择是也出卖她，因此他将只被判 3 年而不是 5 年。但如果爱丽丝保持沉默，他的最佳选择依然是出卖她，那样他将被释放。无论爱丽丝选择了什么策略，鲍勃的最佳选择都是背叛，正如艾伦·坡的侦探所觉察到的那样。很明显的，爱丽丝也会像鲍勃一样推断。唯一稳定的结果是两个人都坦白，出卖他们的同伙。

　　具有讽刺意味的是，这个问题之所以被称为困境，是因为如果两人都保持沉默，双方的境况都会更好一些。但是他们被分开审讯，不允许互相交流。因此单个人的最佳选择并不能导致团队的最佳选择。如果他们都保持沉默（也就是，他们相互合作），他们总共会在狱中度过两年（每人各 1 年）。如果一个人出卖了同伙（专业术语是背叛），而另一个人保持沉默，他们总共被判 5 年（全部由保持沉默的那个人承担）。但当他们相互背叛，他们总共被判六年——和其他所有策略组合相比在总体上是最坏的结果。纳什均衡——个人利益驱动下做出的稳定的策略组合——产生了一个更差的总体收益。从博弈论和纳什的数学方法来看，这种选择是明确的。如果每个人的动机是获得最大的个人利益，恰当的选择就是背叛。

　　当然，在现实生活中你永远不知道会发生什么，因为背叛者可能有其他的考虑（例如如果错误地出卖了同伙他们可能也会难逃一劫）。因此，纳什的均衡计算并不总能够预测事实上人们会如何行动。有时人们为公平起见而调整了他们的策略，而有时则出于恶意来做决定。在囚徒困境的情形中，一些人确实会选择合作。但这样并没有贬低了纳什均衡的重要性，正如经济学家查尔斯·霍尔特（Charles Holt）和阿尔文·罗斯（Alvin Roth）所指出的那样，"纳什均衡的用处不只局限于其能准确预测人们如何在博弈中行动，即使不能预测时它也非常有用，"他们写道，"因为此时纳什均衡可以辨别出什么情况下个人动机和其他动机之间存在着紧张关系。"所以如果人们在囚徒困境情况下合作（至少开始是合作）时，纳什的数学方法告诉我们这种合作"因为不是一种均衡，所以不稳定，以致很难维持下去。"[21]

虽然因徒困境只是现实生活的简化，但是它确实体现了诸多社会交互的本质。但显然你不能通过计算纳什均衡来轻易地估计任何社会情况。现实生活中的博弈通常涉及很多人和复杂的利益规则。虽然纳什证明了至少存在着一个均衡，但算出这个均衡是什么就是另外一回事了（而且通常有不止一个纳什均衡点存在，这使得事情变得非常复杂）。记住，每个人的"策略"都是精心地从数十数百数千（或者更多）的"特定"的纯策略中提取出来的混合策略。在大多数多人博弈中，计算所有选择组合的概率超出了英特尔、微软、IBM 和苹果四大厂商计算能力的总和。

第六节　公　共　物　品

尽管如此，这并非毫无希望。让我们来看另一个用来解释"背叛"的著名博弈——公共物品博弈。它描述的是团体里的一些成员没有尽到责任但却分得成员利益。就好像看公共电视却从不承诺任何的资金支持。乍看来，背叛者赢得了博弈——分文不花就可以收看侦探福尔摩斯和波洛的电视。但是，请想一下，如果每个人都背叛，将没有人能获益。搭便车的人将变成搭不到便车的倒霉者。

类似的，假设你的社区决定集资建一个公园。你喜欢这个提议，但是如果你认为会有足够的邻居捐了足够的钱来建它，你可能不会捐款。如果每个人都这样想，就不会有公园了。但假设背叛（拒绝捐款）和合作（捐出你的份额）并非仅有的可行策略。可能会有第三种策略，称之为双赢策略。如果你是一个互惠者，你只在确保一定数量的其他人捐款的情况下才会捐钱。计算机对这种博弈的模拟告诉我们，玩家采取这些策略的混合策略可能达到纳什均衡。

真人参与的实验得到了同样的结果。2005 年报道的一项研究对大学生们在一个人为设计的公共博弈中的行为进行了实验。4 个玩家都得到了一些代币（代表钱）并且被告知他们可以按自己的意愿捐任意多的钱到一个"公共储蓄罐"，剩下的将保留在个人账户中。实验者然后将使罐子中的代币进行翻倍。每次有一个玩家被告知储蓄罐里已捐献了多少钱，并且有一次改变自己捐赠的机会。当游戏结束（轮数是随机的），储蓄罐里所有的代币将均分给所有玩家。

你会如何玩这个游戏？因为在最后 4 个人平分罐里的钱，向罐中放进最少钱的那个人将得到最多的代币——包括他们所均分的罐中的钱加上自己保留在个人账户里的钱。当然，如果没有人向罐子里放钱，就没有人会因实验者的慷慨而受益，有点像地方政府拒绝为一个高速公路进行联邦基金注资。因此向罐中投一些钱看起来是个不错的选择。但如果你想要比其他人得的更多，你必须比其他人投的更少。哪怕只是一个代币。从另一方面来说，如果你向罐中投入了更多的钱，组中的其他人也将获得更多。（在这种情况下，你可能不会比其他人得的多，但这比你不这么做要好一些。）

当 4 个玩家反复进行这个游戏，就会出现一种行为模式。玩家们很容易地分成 3 种已知的类型：合作者、欺骗者（或搭便车者）和互惠者。因为所有人在某个时点都知道已经捐赠了多少钱，他们可以据此调整自己的行为。一些人仍然保持吝啬（欺骗者），一些人继续慷慨捐献（合作者），一些人会在组织其他成员大量捐赠时，愿意捐献更多（互惠者）。

几轮游戏下来，每组的成员获得了同样多的钱，表示达到了类似纳什均衡的稳态——他们都在给定其他人策略的前提下赢得了尽量多的钱。换句话说，在这种博弈中，人们采用了混合策略——大约 13% 的人是合作者，20% 是欺骗者（搭便车者），在这个特定的实验中 60% 的人是互惠者。"我们的结果说明了受试人群是在一个稳定的……多类型的均衡中，"研究者罗伯特·库斯本（Robert Kurzban）和丹尼尔·豪泽（Daniel Houser）这样写道。[22] 了解纳什均衡有助于理解诸如此类的结果。

第七节　博弈论的今天

纳什关于多人博弈均衡的研究与他关于讨价还价问题的论文（讨论了合作博弈的情形）一起，对冯·诺伊曼和摩根斯特恩的合著做了极大的拓展，为当今的大多数博弈论研究提供了基础。当然，博弈论不仅仅是纳什均衡，但是纳什均衡仍然是今天人们致力于将博弈论应用于现实生活的核心。

多年以来，博弈论发展出了解决存在联盟的博弈、信息不完全的博弈、非完全理性的博弈的数学工具。用博弈论复杂的数学工具可以针对以上情形以及其他更多的情形建立模型。需要用一整本书（事实上，几本书）来描述所有那些后续的发展（而且已经有很多本这样的书出版了）。我们不需要了解博弈论史的所有细节，但重要的是，我们必须知道博弈论拥有一段丰富且复杂的历史。这是一门深刻且复杂的学科，由于得益于大量数学技巧，而变得高度专业和严密。

即使在今天，博弈论依然是一门不断发展的学问。很多深入的问题似乎还未得到具有说服力的答案。实际上，如果你细读博弈论的各种文献，你可能会感到困惑。博弈论的研究者们并非都同意对博弈论某些方面的解释，而且他们肯定对如何宣传博弈论有争议。

一些观点像是在表达博弈论应当预测人类行为——人们在博弈中（或在经济或生活的其他领域中）会做出什么选择。另一些人坚持认为博弈论无法预测，它只是进行了规定——它告诉你需要做什么（如果你想在博弈中胜出），而非玩家们在博弈中真正将要做什么。还有些专家认为，博弈论预测了"理性"人会做什么，但博弈论并未说明人们能够多么理性（甚至在那些高风险博弈中）。当然，如果你要求这些专家定义"理性"，他们可能会说理性指的是按照博弈论的预测行事。

对我而言，很明显地，基本的博弈论无法总是成功预测人们的行为，因为大多数人们像圆周率一样毫无理性（一样毫无规律）。同样明显的，博弈论无法提供一种简单的方式来决定什么是理性行为。人们做出"理性"选择时总是要有很多博弈论数学框架之外的考虑。

但是，博弈论的确预测出在不同情形下采取不同策略的结果。原则上你可以用博弈论来分析很多常规的游戏，比如跳棋，以及很多包含广义的博弈论概念的日常生活问题。它的应用范围可以从与一辆车竞争停车位到全球性的核战争。当面对在一些战略场合需要做决定时，博弈论的数学方法可以告诉你什么样的行为最有可能获得成功。因此，如果你知道你的目标，博弈论可以帮助你达成——如果你的情形可以用博弈论模型来描述。

问题是，是否存在着这样的情形？人们早期对于博弈论描述社会问题的潜能所抱的乐观态度很快就消散了，如1957年一本著名的博弈论教科书中所写道，"一开始有这样一股潮流，大家觉得博弈论能解决无数的社会和经济问题，或者至少，它在几年之内是一种实用的解决方案。但事实并非如此。"[23]

早期的这种悲观评论并不奇怪。科学界总是缺乏耐心，即使比较理性的观察家认识到要使一个理论达到成熟需要付出数十年的艰辛努力，许多人还是希望新的理论能很快带来收益。甚至在冯·诺伊曼和摩根斯特恩著作出版60年之后，你仍然会看到一些关于博弈论在现实生活中应用的负面评价。

在《博弈论与经济行为》一书的 60 周年纪念版编后记中，艾里尔·鲁宾斯坦（Ariel Rubenstein）承认博弈论已经成功地在经济学中确立了自己的地位。"博弈论从经济学的边缘进入了主流，"他写道，"经济学家和博弈论学家之间的差异事实上已经消失。"[24]但他并不认为博弈论对其他领域很有帮助，甚至对博弈本身。鲁宾斯坦写道，"博弈论并不是一个能使我们博弈更加成功的魔法盒。对于一个人如何玩好国际象棋或扑克，博弈论并没有太多启示。"[25]

他嘲笑那些认为博弈论真的可以预测人类行为，或在真实生活的策略交互中改善人们表现的博弈论理论家。"从来没有确凿的证据让我相信这一点，"他写道，"学术界期望从博弈论中得益，使得它更加不可信。"在鲁宾斯坦的观点中博弈论更像是没有物质基础的逻辑，一种比较偶然性的指导而非行动的指南。"博弈论并未告诉我们哪种行动会更好或预测其他人将会做什么……当今世界面临的挑战太过于复杂，是任何矩阵博弈都无法描述的。"[26]

好吧——也许这本书可以在这里结尾。但是还不能，我想鲁宾斯坦有他的观点，但是他的观点过于狭隘。事实上，我想他的观点忽略了科学本质的一个重要方面。

科学家建立模型。模型体现事物的本质，可望所关注的这些方面能起特定的作用。博弈论建立有关人类交互的模型。当然，博弈论并不能体现人类行为的所有细节——没有一个模型能做到这点。任何一幅洛杉矶的地图都不会显示每座楼房、人行道的每条裂缝，或路面上的每个凹坑——如果它做到了这一点，它就不再是一幅洛杉矶地图，而是洛杉矶本身。无论如何，一张地图即便不具备那些细节也能帮你找到想要去的地方（即便在洛杉矶，你可能也要花很久才能到达目的地）。

自然地，博弈论描述了简化的情形——毕竟，它是真实生活的模型，而非真实生活本身。在这方面它就像其他所有的科学一样，提供现实的简化模型，并且模型足够精确到让你可以从中得到关于现实生活的有用结论。预测月食时，你无需关心月球和太阳的化学成分，你只需考虑它们的质量和运动轨迹。这就像预报天气。大气是一个物理系统，但艾萨克·牛顿（Isaac Newton）并不是气象学家。18 世纪的学者们并没有因为牛顿定律无法预见暴风雨而抛弃它。但几个世纪之后，物理学确实发展到能够对天气提供较为准确合理的预报的程度。不能仅仅因为今天的博弈论无法毫无偏差地预测人类行为就完全否定它的价值。

在《行为博弈论》一书中，科林·卡默热用非比寻常的见识和雄辩的言辞陈述了这些观点。他提到，的确很多实验产生的结果看上去——在一开始——和博弈论的预测不一致。但因此就认为博弈论的数学方法存在问题则很明显是一个错误。卡默热指出，"如果人们不按博弈论所规定的那样做，他们的行为并不能证明其数学方法是错的，比用出纳员有时找错了钱来证明算数是错的更甚。"[27]另外，博弈论（其初始形式）是建立在参与者的行为理性并且自私的基础之上的。如果现实生活的行为偏离了博弈论的预测，可能是理性和自私的概念出了问题。在这种情况下，结合人类心理学（特别是在社会情形中的心理学）与博弈论的均衡理论，可以极大地提高对人类行为的预测并且有助于解释有时的惊人之举。这正是卡默热的研究方向——行为博弈论想要实现的。"目标并不是'驳斥'博弈论……而是改善它，"卡默热写道。[28]

正如我们所看到的那样，今天的博弈论被广泛地用于对各种事物的科学研究中。1994年的诺贝尔奖确认了纳什的数学方法在博弈论的基础地位；2005年度的诺贝尔经济学奖表彰了两位在博弈论重要应用领域的先锋人物所取得的成就。来自马里兰大学的经济学家托马斯·谢林（Thomas Schelling），在20世纪50年代就发现博弈论提供了一种统一社会科学的合适的数学工具，并在1960年《冲突的策略》一书中表达了他的观点。瑞典皇家科学院的颁奖辞中这么写道，"谢林的研究推动了博弈论的新发展并且加速了它在整个社会科学中的应用。"[29]

谢林特别关注博弈论对国际关系的分析，尤其关注武装冲突的风险（在那个时代并不奇怪）。在类似博弈的具有不止一个纳什均衡的冲突情境下，谢林展示了如何决定哪个均衡是最有可能发生的。而且他得出了多个博弈论体现的冲突策略的违反直觉的结论。比如一个勇往直前的将军破釜沉舟，他的军队就别无选择。但是这给敌军传达的信息——进攻的这支队伍别无退路——将削弱敌军的斗志。相似的推理可以推广到经济领域，一个公司可能决定建一个大规模且造价高的生产工厂，即使这样会提高产品的成本，仅仅做出这样的宣言也会使竞争对手知难而退出市场。

谢林的理论也可扩展到这样一种博弈，即所有的参与者都希望得到一个共同的（协同的）而不是一个特殊的结果——换言之，所有人都在同一条船上对每个人来说都更好一些，而不管那是艘什么船。举一个简单的例子，一群人希望在同一个餐馆里吃晚餐，是哪家餐馆无关紧要（只要食物不是特别辣），目标是所有人都在一起。当每个人都能和其他人交流，协调不是一个问题（或者至少它不应该是），但在很多情况下人们相互交流受到了限制。谢林阐明了在这种社会情况下达到合作了解所包含的博弈理论问题。谢林之后的一些研究工作将博弈论应用到一些从种族混合居住快速转变到种族隔离居住的社区问题，以及个人的自制力缺陷问题——为什么人们做那么多自己并不想做的事，像抽烟或酗酒，而不去做他们真正想做的事，比如锻炼。

2005 年的另一位诺贝尔经济学奖获得者，罗伯特·奥曼（Robert Aumann），长久以来都是将博弈论的应用拓展到许多其他学科——从生物学到数学的先驱。奥曼是个出生在德国的以色列人，来自耶路撒冷的希伯来大学，他对长期合作行为有着特殊的兴趣，这是一个和社会科学关系密切的课题（毕竟，长期合作是文明本身的一个界定特征）。奥曼，特别地从无尽重复的角度分析了因徒困境；而不是两人只玩一次，彼此最佳的选择是出卖对方。奥曼证明了，从长期来看，即使玩家们依旧以个人利益为中心，合作行为也能维持下去。

不论在合作或是非合作的情况下，奥曼的"重复博弈"方法都有着广泛的应用。通过展示了博弈论的规则如何促进合作，他同时也界定了在哪些场合下不容易产生合作——如，当很多人参与时，或交流受到限制时，或时间很紧迫时。博弈论有助于我们了解在某些场合下出现特定的集体行为模式的原因。瑞典皇家科学院指出，"重复博弈方法解释了许多公共机构组织——从商业联盟和有组织的犯罪到工资谈判以及国际贸易协定——存在的理由。"

虽然诺贝尔奖将媒体的聚光灯集聚于博弈论的某些成就上，但它们只是冰山一角。近年来，博弈论的应用已扩展到诸多领域。经济学中不乏它的身影，从指导工会与管理层间的协商到拍卖电磁波频谱仪的开发执照。博弈论对将住院医师合理分配到医院、了解疾病的传播、如何接种疫苗以更好对抗各种疾病——甚至对解释医院为克服细菌对抗生素的抗药性进行投资的动机（或动机缺乏的原因）都非常有用。博弈论对于了解恐怖组织和预报恐怖分子的行动，对于分析投票行为、了解意识和人工智能、解决生态问题、研究癌症都有一定的价值。你还可以用博弈论来解释为什么男性和女性的出生率大体相当，为什么人在年纪大时变得更小气，为什么人们喜欢谈论他人的八卦。

实际上，流言是博弈论行为研究的一个重要结果，因为它是了解人类社会行为的核心，使得通过利己的斗争在丛林中生存下来从而建立起人类文明成为可能的"自然法则"。正是在生物学中，在解释达尔文进化论神秘的结论方面，博弈论显示了其强大的力量。毕竟，人类也许不会按你所期待的方式来进行博弈，但是动物那里的"自然法则"就是真正的丛林法则。

第四章

史密斯的策略——进化、利他主义与合作

在我们周围生命形式的多样性令人吃惊，与构成人类文化的信仰、实践、技术和行为的模式一样，都是进化动力学或进化过程中的产物。

——赫伯特·吉尼斯，进化对策论

为了理解人类的社交行为，我们必须向灵长目动物、鸟类、白蚁，有时甚至要向臭蜣螂和池塘的浮藻学习。

——赫伯特·吉尼斯，进化对策论

1979 年冬天，剑桥大学生物学家大卫·哈伯认为饲养鸭子是非常有趣的。

有 33 只的一群绿头鸭栖居在大学的植物园中，在一个固定的池塘中游荡。它们在那个池塘中找寻食物。每天的搜寻对于鸭子来说很重要，因为它们必须保持一个极小的体重来应付低应力的游弋。不像陆生动物可以在秋天的时候狼吞虎咽地喂饱自己，然后在冬天靠它们囤积的脂肪来存活，鸭子们必须准备在任何时候为填饱肚子而寻找食物。因此，为了过想吃就吃的生活，它们必须擅长快速地找寻食物。

大卫·哈伯想弄清楚鸭子们是如何聪明地找出其食物最大摄取量的。于是，他把白面包准确地分成等重的很多片，并且在朋友的帮助下将这些面包片扔进池塘。

自然地，这些鸭子们非常高兴地进行这项实验，所以它们都快速地游向有面包片的位置。然后实验员开始把面包片扔到两个分隔着的池塘。在一个池塘，发面包的实验员每隔 5 秒钟扔一片面包。在另一个池塘，时间间隔长些，实验员每隔 10 秒扔一次面包片。

现在，令人感兴趣的科学问题是：如果你是鸭子的话，你该怎么做呢？你会游向间隔短的实验员还是间隔长的实验员呢？这不是一个容易的问题。当我问别人他们会怎么做时，我毫无意外地得到很多答案（并且有些人仍在思考，且不停地改变主意）。

可能（如果你是一只鸭子）你的第一想法是冲向那个扔面包片间隔短的家伙。但是其他的鸭子也许会有同样的想法。如果你转向另一个家伙，你会得到更多的面包片，对吗？但是你可能不是唯一一只意识到这种情况的鸭子。所以最优策略的选择不是立即知晓的，甚至对我们人来说。为了得到答案，你不得不计算纳什均衡。

毕竟，搜寻食物很像一个游戏。在这种情况下，面包片就是收益。你想尽你最大的可能得到更多的收益。其他的鸭子也有同样的想法。因为这些鸭子处在大学的实验园中，一种策略可以达到纳什平衡点，所以可算出寻求最大食物获取量的策略，使得每只鸭子得到最大量的食物。

知道（或者观测）扔面包片的速率，使用纳什的数学模型计算纳什平衡点。在这种情况下，计算相当简单：如果 1/3 的鸭子游到间隔长的家伙面前，其余的在间隔短的家伙面前，这样所有的鸭子都可以得到最优策略。

你猜发生了什么？鸭子们大约花了一分钟的时间便弄明白了道理。它们几乎按照博弈论所示的准确的规模，分成两组。鸭子知道如何进行博弈！

实验者通过扔不同大小的面包片将情况复杂化，鸭子需要既考虑扔面包的速率还要考虑扔一次面包的数量。即使这样，尽管会花长一些的时间，鸭子们最终也能分成相应规模的组，并且每组的规模满足纳什均衡。[1]

现在你不得不承认，那看起来有点奇怪。博弈论是用来描述"理性的"人如何最大化他们的利益。但现在事实证明，博弈论所描述的对象无需理性，或者甚至不必是人类。[2] 我认为，鸭子的实验证明将会有更多的博弈论问题出现在你的眼前。博弈论不仅是一种理解如何玩扑克牌的聪明的方法，而且捕捉到关于世界如何运作的一些信息。

至少生物世界是如此。事实上，博弈论最初描述生物学并给出成功的科学解释，并已捕捉到许多生物进化的特征。许多专家认为它可以解释人类合作的秘密，人类自身的文明是如何从个体遵守的丛林法则中出现的。它甚至似乎可以解释语言的起源，以及为什么人们喜欢说闲话。

第一节　生活和数学

通过访问普林斯顿的高级研究中心，我了解了进化和博弈论。在博弈论出现初期，该中心是冯·诺依曼的工作地点。作为早已得到世界认可的知名数学和物理学研究中心之一，该研究所很晚才承认生物学在自然科学中的重要地位。尽管如此，20世纪90年代末，该所便决定启动一个理论生物学的项目来早早跃入21世纪。

正如新生所跨越太平洋把冯·诺依曼、爱因斯坦和其他的科学家带到了美国一样，该研究所为其生物项目从欧洲招募到一个指导者——马丁·诺瓦克，奥地利人，曾在英国牛津大学工作。马丁·诺瓦克是一位杰出的数学生物学家，在他读大学期间，就把生物化学和数学相结合，并于1988年，在维也纳大学拿到了博士学位。不久，他便到牛津工作，在那里他最终成为数学生物学项目的领头人。1998年秋天，我在普林斯顿拜访他，向他咨询了该研究所关于将数学与生命科学相结合的计划。

马丁·诺瓦克描述各种类型的研究项目，涉及到从免疫系统到推断人类语言的起源的一切方面。例如，在免疫系统方面，破译对抗艾滋病病毒背后的数学原理。他的大部分工作都是基于一个普通的主题：博弈论的深入广泛的相关性。当时，我对此并不欣赏。

当然，它非常有意义。在生物学中，几乎所有一切都涉及到相互作用。最明显的例子，两性交互用于繁衍后代。免疫系统中的细胞与病毒斗争，或有毒分子与DNA分子相互纠缠导致癌症发生，这些都是生命系统强烈的相互作用。当然，人类也是如此，相互合作，或彼此竞争，或是互相交流。

进化的过程决定相互作用的产生和结果。这是关键：进化不仅关于从共有祖先到新物种的起源。进化实际上与生物学的一切事情有关——个体的生理学，种群中多样性的出现，生态系统中物种的分布，个体对其他个体或种群与其他种群的相互作用或影响。进化构筑所有生物行为的基础，而支撑进化的主要理论源于博弈论数学。"博弈论已经成功地运用到生物进化上，"诺瓦克告诉我，"生物进化中的大量问题本质上都是博弈论"。[3]

尤其，博弈论有助于解释在动物（包括人类）世界中社交行为的进化，解开了达尔文进化论中初始的谜团：为什么动物会合作？你可能会认为，斗争的生存法则将会助长自私。然而，合作在生物世界却相当普遍，从寄生虫与寄生主体的共生关系到人们经常向陌生者展示的利他主义。如果没有如此广泛的合作，人类的文明绝不会形成；如果不理解合作是如何演变的，那么描述人类社会行为的自然法则也将不可能存在。这一理解的关键线索来自于博弈论。

第二节　生命的博弈

20世纪60年代，甚至在大多数经济学家严肃认真地对待博弈论之前，一些生物学家已经注意到博弈论可能在解释进化的方面很有用。但是真正地把进化的博弈论应用在科学的蓝图上的是英国生物学家约翰·梅纳德·史密斯。

他是"一位有着杂乱的白发，戴着深度眼镜的和蔼可亲的人。"他的讣告中这么写道，"他的同事和朋友回忆说他是一位有魅力的演讲者，同时也是一个争强好胜的辩论者，一个热爱自然的人和一个热衷园艺的人，还是一个最喜欢在酒吧喝着一瓶啤酒和年轻的研究者讨论科学想法的人。"[4]遗憾的是，我没能有机会和他共饮。他于2004年逝世。

梅纳德·史密斯出生于1920年。儿时，他便喜欢收集甲虫和观察小鸟，这也预示了后来他对生物学的强烈兴趣。在伊顿大学，他迷上了数学，之后在剑桥大学专修工程学。第二次世界大战期间，他对飞机的稳定性进行工程研究，但是战争结束后，他又重回生物学领域，在伦敦大学著名的霍尔丹的门下研究动物学。

在20世纪70年代早期，梅纳德·史密斯收到一篇来自一个叫做乔治·普鲁斯的美国研究者的文章。该文章被提交给《自然》杂志。普鲁斯尝试解释为什么为资源竞争的动物并不总是像它们应该的那样而激烈地斗争，如果按着自然选择所暗示的，它们应该一直战斗到死，直到最后一个最适合生存的存活下来，这是一个令人迷惑的问题。普鲁斯投给《自然》杂志的文章太长，但是这一问题却一直留在梅纳德·史密斯的脑海里。一年后，当拜访了芝加哥大学的理论生物系之后，他研读博弈论并开始探索进化中类似于博弈的方式。[5]

最终，梅纳德·史密斯证明博弈论能够解释生物体如何采用不同的策略在暴虐的生态环境下生存并繁衍后代继续斗争。进化是一场所有生命都参与的博弈。所有的动物参加，所有的植物也参加，所有的细菌同样如此。你无需将任何理性或思维能力归于生物体——它们的策略仅仅是他们的特性和习性的综合。成为一棵矮树还是一棵高树好呢？成为一个超级快的四足动物还是一个很慢但聪明的两足动物，哪一个更好呢？动物不能如此选择它们的策略，因为它们本身就是策略。

我认为这是一个令人好奇的观察。如果每一个生物（植物、虫子）就是一种不同的策略，那么为什么会有那么多的生命样式呢？为什么会有如此多的不同的生存策略呢？为什么不存在一个最佳的生存策略呢？为什么没有一个能优于所有的他者，成为唯一的生存者，独中"最适者生存"的大奖呢？当然，达尔文已经处理了这一问题，解释了不同的生存优势如何被自然选择所利用，使生命多样化，从而形成各式各样的物种（就像亚当·斯密所提到的大头针工厂里的专业工种的不同分类一样）。然而，梅纳德·史密斯将达尔文的解释拓展到一个更深的层次，使用具有数学严密性的博弈论证明了为什么进化不是一个"赢者通吃"的博弈。

在研究这些时，梅纳德·史密斯发现有必要从两个方面对经典博弈论进行修饰：用"适者生存"的进化思想来代替效用；用"自然选择"来代替理性。他注意到在经济学的博弈理论中，"效用"是某种人为意义上的；它是一个概念，试图"将一系列定性式的截然不同的结果分配于线性标度上"，比如说一千美元，"失去女友，失去生命。"然而，在生物学中，"适应，或者后代的预期数目，可能是很难测量的，但它也不是一个模糊的概念。只有一种正确的综合不同成分的方式——例如生存的机会和繁衍的机会。"[6]梅纳德·史密斯认为，"合理性"作为人类博弈者的策略，呈现出了两个小问题，"很难决定什么是合理的，而且，人们不是理性地行事。"因此，他声称，"这些变化的影响使得博弈论更好地应用于生物学而不是人类科学。"[7]

为了解释他的观点，他设计了一个聪明的但却简单的动物相争的游戏——著名的鹰-鸽游戏，它证明了为什么一个单一的策略不会产生稳定的群体。设想有这样一个世界，一个只有鸟类栖居的"鸟的星球"。这些鸟能够表现得要么像鹰一样（好斗，经常为食物而打斗），要么像鸽子一样（总是被动的，爱好和平的）。现在，假设这些鸟全部决定"像鹰一样"是它们最佳的生存策略。无论何时，它们中的两个看到食物，它们便会打斗直到分出胜负，赢的那方吃掉食物，输的那方就得处理自己的伤口，忍受饥饿，甚至面临死亡。对于赢的那方来说，它们也有可能受伤，这样也减少了它们从食物中得到的利益。

现在假设这些像鹰一样的鸟中有一只发现这样的争斗是索然无趣的。他开始决定像鸽子一样行事。当发现食物时，只有没有其他鸟在周围时它才会吃掉食物。如果有任何一只鹰出现，它便会立刻飞走。这只鸟可能会失去一些食物，但是至少它避免了在战斗中失去自己的羽毛。而且，假设有一些鸟都尝试以鸽子的方式行事，那么当它们遇到食物的时候会一起分享。当鹰们互相厮杀的时候，这些鸽子却在享受美味。

因此，梅纳德·史密斯认为，一个全部都是鹰的种群并不是一个"进化稳定的策略。"一个全部都是鹰的社会容易受到鸽子的入侵。同时，一个全部都是鸽子的社会也不是一个稳定的社会。第一头转变的鹰会享受美味，因为其他的鸽子见到它都会飞走。只有当更多的鹰出现时，才会有在战斗中面临死亡的危险。所以问题是，什么才是最佳策略？选择当鹰还是当鸽子？

事实证明最佳生存策略取决于在这个群体里有多少头鹰。如果鹰的数目很少，鹰式策略便是最佳的，因为其大部分的对手是鸽子，鸽子一见到鹰便会远离争斗。但是，如果鹰的数目较多，它们会陷入代价惨痛的混战——这时，鸽式策略是明智的。因此，社会会进化成既有鸽又有鹰的共同社会。争斗的代价越高，鹰的数目就越少。梅纳德·史密斯用纳什均衡在生物领域相对应的理论——进化稳定策略展示了如何用博弈论来完美地描述这种情形。

当一种进化稳定策略类似于纳什均衡时，它并不总是精确地对等。在许多类型的博弈中，可能有不止一个纳什均衡，并且它们中的一些可能也并不是进化稳定策略。一个生态系统由有着固定行为策略的不同物种组成。在没有受到突变体引入新的策略到竞争中时，一个生态系统处于纳什均衡。这样一个生态系统并不是进化上稳定的。[8] 但是这些鸟是不可能意识到这些差别的。无论如何，这些鸟必须选择充当鹰还是鸽子，正如鸭子必须选择到哪个扔面包片的实验员面前。最好的混合——进化稳定策略——将是把种群分成两部分，一部分是鸽子，一部分是鹰。

确切地说，鹰与鸽的比例取决于争斗确切的代价和逃跑时丧失食物的代价。下面是一个博弈矩阵显示代价的可能权重。

		鸟二	
		鹰	鸽
鸟一	鹰	−2，−2	2，0
	鸽	0，2	1，1

如果两头鹰相遇，因为要相互厮杀，所以双方都是失败者（各得到−2"分"）。如果鸟一是鹰，鸟二是鸽子，鸽子飞走得 0 "分"，鹰得到所有食物，得 2 "分"。但是如果两只鸟都是鸽子，那么它们一起分享食物，则各得 1 "分"。（或者你可以说一只鸽子一半的时间顺从另一只，每只得 1 "分"代表每只获得食物的概率是 50%）。如果你计算出结果，你会发现最佳混合

策略（对于这些代价的值而言）2/3 的是鸽子，1/3 的是鹰。[9]（记住，数学上，可以是一群鹰和鸽子，或者仅仅是玩混合的策略的一类鸟。换句话说，在这种情况下，假定你是该情形中的一只鸟，你最好是 1/3 的时间充当鹰，2/3 的时间充当鸽子。）[10]

显然，这是一个相当简化的生物模型。即使对鸟类而言，鹰和鸽子也并不是唯一可能的行为策略。但是如果你能明白最基础的想法，你将同样理解如何用博弈论来描述更为复杂的情形。

假设，例如，当别的鸟在打斗时，"鸟中的观测者"在一旁看着。事实上，像人类拳击迷和橄榄球迷一样，一些鸟也喜欢观看群里的格斗者在斗争中与对手决一雌雄（正如一些鱼也喜欢这样）。那种观看暴力的渴望可能成为一个线索，解释为什么社会中提供那么多可观看的暴力。进化史可能使观看暴力行为注入到动物基因中，可能博弈论与这一现象也是有关的。

乍看，旁观提供了一个明显的生存优势——旁观不像打斗，旁观中你不可能被杀死。但是你并不必为避免打斗的危险而做旁观者，你可以尽可能地远离争斗，那么为什么还要旁观呢？答案很自然地可以从博弈论中找到。某天，你可能发现自己处于一场无法避免的争斗中，在这种情况下知道你的对手的记录无疑是个好主意。

面对它：你不一定总是战斗的逃跑者。那些懦弱者遇到任何一个对手都会退缩，这样并不能提高它们生存的机会，因为它们在竞争中会失去食物、配偶和其他一些必需的资源。另一方面，一有机会就挑起战争也是不明智的——与得到资源相比，争斗可能会导致更大的损失代价。聪明的鸟类意识到它们在某天不得不打斗，所以它们有意识地观察它们潜在的对手在争斗中的表现。这些观察者（或者是在生物学上的"偷听者"）在轮到它们打斗时，它们充当鹰还是鸽子取决于它们对敌人的观察。

鲁弗斯·约翰斯顿，来自剑桥大学，将偷听者这一因素考虑在内，扩展了鹰-鸽博弈论中的数学理论。在这种博弈论下，偷听者知道它的对手在前一次打斗中是赢了还是输了。一个偷听者如果遇到一个失败者，那么它在打斗中的行为会像鹰一样，但是如果该偷听者遇到一个胜利者，那么该偷听者会采取鸽式策略，放弃赢得资源的机会。

"个体在一轮中获胜，那么在下一轮它更有可能获胜。因为它的对手很难超越更高级别的挑战，"约翰·斯顿总结说道。[11]

因为偷听者知道何时才打斗，所以有很大的优势，这样它避免和危险的敌人交手，当然在社会中你可能已经猜到：因为偷听的存在减少了暴力冲突的次数。另外，可惜的是，数学证明并不如此。对鹰-鸽游戏增加偷听者这一角色提高了"有等级"的打斗的概率——这时打斗者都采取鹰的方式。

为什么呢？因为旁观者的出现！如果没有人观看，充当鸽子的选择并不是很坏。但是在丛林中，声誉是一切。有旁观者观看，如果表现得像只鸽子，那么在下一轮的斗争中你将会面对一个强劲的对手。不管怎么样，如果每个人都认为你是一只凶猛的鹰，那么下一个在你面前的对手会自愿拜倒在你的脚下。

所以旁观者的出席激励暴力现象，今天观察暴力的旁观者有极大的优势成为明天的战斗者。换句话说，一个偷听者的好处就是帮助它避免高风险的战斗，同时也会促使在社会整体中出现高水平-高风险的斗争趋势。

但是不要忘记，增加的旁观者仅仅是复杂化的情形之一。更多的复杂化情形仍然可以被考虑到简单的鹰-鸽游戏中。战斗不仅取决于好斗性，规模和技巧也可以起很大的作用。一个研究声称：鸟类对自己的打斗技巧的估计也能决定是斗争或者飞走。如果鸟类确切地知道它们自己的技能水平，所有的战斗可能都会消失（你可以设想克林特·伊斯特伍德版本的鹰-鸽游戏：鸟类知道它自身的局限性）。[12]

无论如何，政策制定者基于博弈论会认为倡导战争是正当的，但是他们应该停下来，去认识到现实的生活远比生物学家的数学游戏要复杂。毕竟人类已经进入文明的国度，在这里根据丛林法则所得到的并不是最后的决定。事实上，博弈论能够帮助我们理解文明的国度是怎样产生的。博弈论描述的是使合作和交流成为种族成员间相处之稳定策略的环境是如何产生的。在没有博弈论时，合作性的人类社交行为很难被理解。

第三节　地景上的进化

博弈论阐释不同的策略如何在战斗中获得成功。更重要的是，博弈论帮助展示当环境变化时最佳策略也可能不同。毕竟虽然在丛林中一些行为倾向是成功的，但在南极这些可能并不管用。

当进化学者谈论环境改变时，典型的他们一般都会说到像气候，或者近期行星相互作用的影响之类的事情。但是有机生物体本身的变化策略也同样重要。这就是为什么博弈论对于理解进化是必须的。记得纳什均衡的一个基本概念——已知他人正在做什么，任何人都尽其可能做得最好。换句话说，最佳生存策略取决于你周围的人以及他们的行为如何。当你的生存取决于他人的行为时，那么无论你愿意与否，你都已经处于博弈之中了。

用进化论的语言表述，在生存博弈中成功等价于"适应"。最适应者得以生存且繁衍后代。显然一些个体和其他的个体相比，会在这个博弈中得到更好的成绩。生物学家喜欢用地理学上的术语——"地景"这一比喻来描述这种在适应上的差别。使用这个比喻，你能够想到适应性——或者一个博弈的目标——当占到上风时，可以更好地俯瞰脚下的美景。如方便起见，你可以具体化你在地图上的纬度和经度来描述你的适应性。一些纬度-经度点会使你站在更高的位置上；一些则会让你处于深坑之中。换句话说，一些位置比其他的位置更适合你。这是另外一种说法，某些特征和行为的组合可以提高生存和繁衍的机会。实际上生物学的适应性指类似于一座山峰的顶点，是比较有利的位置。

在适应的地景上，（正如真实的地景）当然可以有不止一座顶峰——多于一种特性的组合，很可能出现更易于生存的后代（在都由鸟群组成的岛屿这块单一的土地上，你可以有一个鸽子的顶峰和一个老鹰的顶峰）。在一块有着很多适应性的顶峰中，一些顶峰可能比其余的更高（这意味着对你的繁衍机会更有利），但是仍然有很多足够好的顶峰适合一个物种生存。

在一片真实的地景上，你的有利位置点可能被许多事件所扰乱。一个自然灾害——一次飓风如卡特里娜，或者一次地震和海啸——可以逐渐改变陆地的形状，以前的纬度和经度可能提供给你很美的风景，但是现在却变成了泥地。类似地，在进化中，在适合生存的土地上所发生的一个变化就可能会使曾经适于生存的生物濒临灭绝，恐龙便是一个例证。

然而你并不需要行星的影响来改变生物的适应性。简单地，假设有新的物种进入生物系统。一些过去被认为是好的策略——比如说，生活在湖里远离水域的肉食动物，在没有鳄鱼的环境里可能会生活得很好，但是如果当鳄鱼也进入该领域的时候，情况就不妙了。因此，随着进化的发展，适应的地域也会发生相应的变化。你的最佳进化策略，换句话说，取决于在你身边的和你一起进化的人是谁。没有一个物种像鲁宾逊那样，孤独地生活在海岛上。因此，什么时候你该做什么事取决于你周围的人在做什么，解释该现象的理论就叫做博弈论。

意识到不断变化的进化地景是解释合作性行为产生的关键。尤其，和其他动物相比，人类会展示更多的精细合作，而博弈论有助于解释这类现象。

第四节　同族与合作

并非非人类的动物从不合作，如蚂蚁。但是很容易从基因遗传的进化角度来解释群居昆虫间的合作。在群体中，蚂蚁是密切联系的，并通过合作增加将它们共享基因传给将来种群的概率。

类似的推理可用来解释人类之间的一些合作——如亲戚之间的联系。正如梅纳德·史密斯的老师霍尔丹曾经评论道，跳入河中去救 2 个溺水的兄妹或者救 8 个溺水的表亲是可以理解的（平均来说，你分享着一个兄妹的一半基因，分享着表亲的 1/8 基因）。但是人类的合作不仅限于有血缘关系的家族之间，有时，人类会和陌生人合作。

当我拜访马丁·诺瓦克时，他强调人类的这种与非家族成员之间的合作是人类区别于地球上其他生物的主要特征之一。另一个特征是语言。"我认为人类在两个方面与其他动物有本质区别，"他说道，"一方面是人类拥有自己的语言，这样，我们可以使用该语言去谈论一切事情。其他任何生物都没有进化到拥有一个系统来达到无限制交流的状态。动物可以相互交流很多事情，也可以发出一些信号，但是这种交流只是在一些有限的事情上进行。"

尽管人类有一种"组合的"语言，与之相适应和匹配的声音系统可以描述任何情况下的事情，即使那些事情是他们从来没有遇到过的。"在进化过程中一定有转折点，"诺瓦克说道，这种转变允许人类形成"无限的"交流系统。如此灵活的语言系统毫无疑问地促进人类形成其他方面的差别——广泛的合作。"人类是能够解决非家族成员之间广泛合作的唯一物种，"诺瓦克指出。"非家族间的个体合作是非常有趣的，因为竞争才是进化的动力，如果你想最适应的生存下去，必须和别人竞争，但是这种竞争很难解释合作产生的原因。"[13]

达尔文认为这是"利他主义"。表现得有利于他人——以一定的代价帮助其他人，而自己没有得到什么益处——这在生存斗争中看起来是相当愚蠢的行为。但是人类（他们中的许多人，至少是有些人）拥有助人为乐的良好品德。作为一个好人一定具有某种生存优势，无论是不是里奥·杜罗切想的那样（他是 20 世纪中期棒球队的负责人，他因为说过"好人总是最后一名"这句话而出名）。

一个早期的猜想认为利他主义以某种方式有利于利他主义者，像相互的共同利用。如果你帮助你的邻居解决一个问题，也许有一天他也会帮助你

（这是"互惠的利他主义"的概念）。但是，这种解释不是很充分。这种回报只有在将来你能够遇到曾经帮助过的人时才起作用。然而人们经常帮助一些陌生人，这些人也许以后再也遇不到。

可能你仍有可能因为曾经帮助过别人而间接得到好处。假设你帮助一个陌生人并再也没有遇见过，但是那个陌生人由于你的善良帮助而感动，他也因此成为心地善良、乐于助人的人，给所有有困难的人提供帮助。某一天，其中一个受过他帮助的人会遇到你，并且帮你解决问题，感谢那次经历——你鼓励过那个乐善好施者。

这种"间接的互惠"，诺瓦克告诉我，已经很早就被生物学家理查德·亚历山大提到过，但是却经常被进化生物学家忽视。当你听到这时，你会感觉有点牵强。尽管如此，诺瓦克已经与维也纳的数学家卡尔西格·雷蒙详细地讨论过间接互惠的观点。最近，他们发表一篇文章，用博弈论中的数学知识说明间接互惠如何才能实际起作用。利他主义的秘密，诺瓦克认为，是声誉的力量。"通过帮助别人，我们会提高自己的声誉，"他说，"而且在群体中的好名声会增加别人帮助你的机会。"

名誉的重要性解释了为什么人类语言变得很重要——所以人们喜欢说闲话。闲话传播人的名誉，使得利他主义的行为更可能根据名誉来实施。"人们要花费多少时间来谈论别人，好像人们一直都在评价他人的名声，这个问题很有趣，"诺瓦克说。"语言帮助合作性行为的发展，反之，合作也促进语言的演化。一个合作的群体使语言变得更重要……在间接互惠的情况下，你可以观察一个人，看他如何表现，或者更有效地，你可以直接和他说话……完成这些事，语言是非常必须的。"[14]

名誉滋生合作，因为它允许人在生活博弈中更好地预测他人的行为。在囚徒困境游戏中，例如，如果两个囚徒相互合作的话，那么他们都会出狱。但是你如果怀疑你的对手会不合作，那么你最好背叛他。在一轮只有一颗子弹的枪击游戏中，如果遇到不出名的对手，聪明的玩法是背叛他。然而，如果你的对手是位信誉很好的合作者，那么与他合作是很好的主意，这样你们两个都会受益。在重复博弈的情况下，合作会提高你的名誉。

第五节　以牙还牙策略

关于名誉的闲话可能还不足以创造一个合作的社会。数学计算表明间接互惠会给大的社会带来一些利他行为，而这些行为可能会导致发生某些问题。诺瓦克和西格蒙德的间接互惠模型受到几位专家的批评。他们指出，这种模式只能在种群规模小的群体中起作用。2004 年在波士顿召开的复杂性会议上，我再次遇见诺瓦克时，他的分析已经变得很详尽了。

在与他的谈话中，在分析合作进化论时，他重新阐述了囚徒困境中博弈的角色。该理论的背景是出自 1980 年一个著名的博弈论比赛，组织这场比赛的是密歇根大学的政治科学家艾克斯·罗德。他用囚徒困境博弈来测试博弈理论家自身的能力强弱。他邀请博弈论专家们参加这一比赛，并以计算机程序的形式提交一种策略来进行囚徒困境博弈，然后在循环赛中让这些程序互相斗争。每一个程序都会与其余程序进行互相斗争，最终以达尔文观点来决出最适应的策略。

在 14 个提交的策略中，赢者是用最简单的方法——一个模拟的方法称为以牙还牙，这个策略是由博弈理论家阿纳托尔·拉波波特想出的。[15]在以牙还牙的策略中，游戏者在第一轮中采取合作方案。然后，在下一轮游戏中，该游戏者会选择上一轮游戏中对手所采取的方案。如果其他游戏者选择合作，那么以牙还牙的游戏者也会如此。然而不管什么时候，只要对手选择背叛，以牙还牙的游戏者在下一轮比赛中也会选择背叛。直到对手选择合作之前，他一直会采用背叛这种方式。

在任意给定游戏次数，并与固定对手对弈的比赛中，使用以牙还牙的策略也许会输。但是如果比赛次数无限多，并与不同的策略对抗时，平均来说，以牙还牙的策略是优于其他策略的。或者至少在艾克斯的比赛中是这样。

一旦采用以牙还牙的策略者取胜，那么看起来更好的策略似乎是可能发掘的。所以艾克斯又举办了一次比赛，这次有 62 个人参加，在第二轮的参赛者中，只有一个人使用以牙还牙的策略。他就是拉波波特，而且他又一次赢了。

你可以明白以牙还牙策略是如何在一个群体中增加合作机会的。作为以牙还牙的游戏者，信誉会促使你的对手与你合作，知道他们这样做后，你也会选择合作。如果他们不合作，你也不合作。

奈何，如此一来，事情变得更为复杂。仅仅因为以牙还牙的策略赢得艾克斯的比赛，这并不意味着它在现实世界中是最佳策略。首先，在肉搏战中和其他策略相比，它很少能赢；总体来说，它做得很好（因为采用以牙还牙策略击败对手，和其他策略相比，对手也要损失惨重）。

诺瓦克在会议上，探讨以牙还牙策略在广泛背景下的细微差别，乍看，以牙还牙的成功似乎否定了纳什均衡理论，暗示最佳策略就是一直背叛。进化博弈论的数学基础是分析无限多的群体数量，似乎证实了那种以牙还牙的策略。然而，诺瓦克指出，对于一个现实的有限的群体，在一定的情况下，你可以证明以牙还牙的策略能够成功侵犯所有具有背叛行为的种群。

但是如果游戏继续，你一直计算下一步会发生什么，这样会变得更复杂。以牙还牙采取的是不原谅策略——如果你的对手本来打算合作，但是由于意外他背叛了你，于是你开始背叛他，并终止合作。如果你能计算出博弈中将会发生什么，那么你会发现以牙还牙策略并不是很成功，而改进后的策略，即宽宏大量的以牙还牙策略则比改进前要好很多。所以宽宏大量的以牙还牙策略被用来管理种群中的事务。

"宽宏大量的以牙还牙策略以合作开始。无论你什么时候开始合作，我都会采取合作的方式。有时即使你背叛我，我也会和你合作"，诺瓦克补充道。"这允许我们为自己犯下的错误进行改正——如果是不小心犯下的错误，你有机会改正它。"[16]

诺瓦克说，随着游戏的继续进行，情况变得更让人吃惊。宽宏大量的以牙还牙的方法开始被全部合作的方法代替！"因为如果每个人都采用宽宏大量的以牙还牙的策略，或者以牙还牙策略，那么没有人会故意的试图背叛；即每个人都是合作者。"啊，多么快乐的时光啊！

"一直合作"不是一个稳定的策略。一旦每个人都合作，那么一直背叛策略就会入侵，就像一头鹰出现在一群鸽子身边，那么鸽子会灭亡。所以你开始选择全部背叛，然后转向以牙还牙，接着是宽宏大量的以牙还牙，接着是合作，然后再全部背叛。"这，"诺瓦克说，"就是人类的战争与和平的理论"。[17]

第六节　博弈与惩罚

尽管如此，人类还是会合作。如果间接互惠不是合作的原因，那么什么是呢？后来，一种流行的看法是由于害怕受到惩罚的威胁，所以合作才会兴起。并且博弈论证明了这种情况是如何产生的。

经济学家萨缪尔·鲍尔斯、赫伯特·金迪斯，以及人类学者罗伯特·博依德是这一观点的倡导者。他们称该观点为"强互惠"。一个强互惠者奖励合作者，同时惩罚背叛者。在这种情况下，一个比较复杂的游戏描述了相互作用。不像玩囚徒困境游戏——一系列的一对一对抗——强互惠博弈研究者在不同的公共利益下进行实验游戏。

第三章里曾描述过一系列的游戏。在这些游戏中，不同的个体会采取不同的策略——有些是自私者，有些是合作者，还有一些是互惠者。在一个典型的公共利益的游戏中，在开始时给游戏者一些"分"（以后可用真实钱收回）。在每一轮，游戏者可能捐献一些分给社会基金组织，自己留一部分。然后每个人收到一部分的社会基金。然而一个贪婪者为确保自己个人的收益最大化，什么都没捐，整个群体的结果可能更遭。利他主义者为增加整个群体的收益，会把他们自己的一些分给群体。而互惠者基于"他人捐献什么，相应地自己就捐献什么"，惩罚那些捐献很少却贪享整个群体福利的"吝啬鬼"（但是这样做的话，也惩罚了群体中的其他人，包括他们自己）。正如我们已经看到的，人类由三种类型的游戏者组成。进一步的研究表明，为什么人类种族已经演化到包含惩罚者。

在一个公共利益游戏的测试中，[18]大部分人在一开始就捐献了大约一半的分。然而，在几轮后，捐献逐渐减少。在一个测试中，在第十轮中，将近有3/4的游戏者什么都没捐。显然地，研究者发现，人们对于那些一开始捐献很少的人很生气，为了报复，他们也减少了捐献数额，以此来惩罚每个人。也就是说，大部分游戏者变成互惠者了。

但是在另一个版本的游戏中，一名研究者公布每一个游戏者的捐献数额，并恳求其他参赛者给予评价。如果捐献少的人会被嘲笑，该吝啬者在后几轮会勉强地慷慨地捐献。如果没有人批评少赠者，那么他后面几轮的捐献会更少。显然，羞辱会促使行为发生改善。

其他的实验证明，非合作者具有被惩罚的危险。所以可能在过去的进化过程中，种群中会包括惩罚者，这样能更多地鼓励合作——而没有实施惩罚的群体被淘汰。惩罚的趋势可能因此在存活的人类种群中根深蒂固，即使惩罚者自己这样做的话也会遭受损失（"根深蒂固"可能不仅仅只在基因中遗传，一些专家认为文化将惩罚的态度延续给下一代）。

当然，在人类的进化历史中，惩罚的形式可能很不明显。鲍尔斯和金迪斯已经提出惩罚的措施可能主要是放逐，使惩罚者承受相对低的代价却仍然让非合作者承受沉重的代价。他们证明，博弈论的相互作用是如何自然地引导人类社会形成3种类型的人——非合作者（免费乘车者）、合作者和惩罚者（互惠者），正如其他电脑程序模拟所说明的一样。人类种族采取的是混合策略。

然而专家仍在争论这些问题。我见过一篇文章这样认为：事实上，利他主义通过利他主义者个体的所得利益单独进行发展演化，而并非一定演化自种群的利益。这一结论基于另外一个流行的博弈游戏的模拟结果，这个游戏便是著名的最后通牒游戏，今天，它在由诸如科林·卡麦勒等科学家探索的另一个博弈论的领域——"行为博弈论"得以广泛地运用。行为博弈论专家认为，要深刻理解人类社会行为的深层原因——理解自然法则——根本上是需要知道是什么促使个体在行动。换句话说，你需要知道人们是怎么想的。现在，开展这些研究的流行做法是将博弈论、经济学、心理学和神经系统学结合起来，并以一个新的具有争议的学科即神经经济学为人们所认识。

第五章

弗洛伊德的梦——博弈和大脑

> 我们旨在将心理学建立为一门自然科学：亦即将心理过程表示为确定物质的定量状态，使其精确明了。
>
> ——西格蒙德·弗洛伊德，《科学心理学方案》，1895

弗洛伊德渴望读懂大脑。

他学医期间专攻神经病学，希望能破解联系大脑物理过程和神秘的精神世界的密码。1895 年，他起草了一项"科学心理学"方案，用大脑中神经细胞的物理性交互来解释精神状态和人类行为。但是弗洛伊德发现十九世纪末期的脑科学远未发展到能将颅内化学和思想行为相联系的水平。因此他跳过了大脑，直接走向精神世界，通过分析梦来寻找操纵精神生活的无意识记忆的线索。

其他人甚至从未憧憬过弗洛伊德预见的"大脑物理学"。很多人简单地将大脑视作研究的禁区，称其为科学无法检验的"黑匣子"。这些"行为主义者"宣称心理学应该专注于行为观察，研究刺激和反应。

20 世纪以后，弗洛伊德主义和行为主义都走向了衰退。随着分子医学开始揭示一些大脑的内部活动，黑匣子逐渐变得透明。现如今，得益于各种造影技术的发展，我们能看到大脑活动时的影像，大脑对我们来说几乎是完全透明。一个多世纪前被弗洛伊德抛弃的神经科学的雏形此刻已经成熟，离他最初的目标不过咫尺之遥。

然而，弗洛伊德不可能梦想过将神经科学和经济学联系在一起，因为在他有生之年，博弈论还未崛起。尽管博弈论的创始人将博弈论看作通往人类行为的一扇窗，他们想象不到，有朝一日他们的数学会推动脑科学的发展。他们不曾预见到有一天博弈论会和神经科学结为伙伴，也不可能预见到这种联合将为博弈论征服经济学界添加筹码。[1]但在 20 世纪 90 年代末期，在一个被称为神经经济学的新兴交叉领域，博弈论的数学成为了联合神经科学和经济学的不二选择。

第一节 大脑和经济学

博弈论的一个吸引人之处在于它能反映现实生活的很多侧面。要赢得一场纸牌游戏，或者在丛林中生存，或者在商场上制胜，你必须懂得如何玩你的牌。你要聪明地选择是补牌还是不补，是押还是过，或者可能是下空注。你必须知道什么时候该持牌，什么时候该退出。而且通常你必须想得很快。胜者善于快速地做出聪明的决策。在丛林中，你没有时间去计算，不管是用博弈论还是别的什么，比如对比战斗和逃跑、躲藏或寻找孰优孰劣。

动物知道这一点。它们总是要在一大堆可能的行为中做出选择，正如神经科学家格里高利·伯恩斯（Gregory Berns）和瑞德·蒙特格（Read Montague）所观察到的（用比你通常在神经科学期刊上看到的更通俗的语言来说）。"我是去追捕这只新猎物还是继续享受上一顿的美餐？"格里高利·伯恩斯和瑞德·蒙特格在《神经元》（Neuron）杂志上写道，"我应该躲开那只我看到的可能藏在丛林里的捕猎者还是躲开我听到的那只？我应该追逐这个潜在的伴侣还是再等等看有没有更好的？"[2]

也许动物并不会有意识地去做这些决定，至少不会花很长时间。犹豫不利于它们的健康。而且即使动物有能力并且有时间进行复杂的思考，也并不存在着一种显而易见的方式让它们来比较自己对食物、安全和性的需要。尽管如此，动物的大脑将所有这些因素放在一起并且计算出一系列有助于生存的行为。在这点上，人和其他动物没有太大分别。大脑进化出一种方式，可以用一种"共同货币"来评估各种行为，比较并做出选择。换句话说，人类的大脑中不仅只有钱的概念，还有运转钱的神经等价物。正如钱代替了物品交换系统——提供了一种用来比较各种商品和服务的共同货币——神经细胞回路进化出一种能力，将各种行为选择翻译成大脑化学的共同货币。

回想这些，你会觉得它们很有意义。但神经科学家们是在受博弈论启发，和经济学家联手以后才开始想到这一切。毕竟，博弈论是将经济效用（economic utility）的模糊概念量化的核心。冯·诺依曼和摩根斯特恩展示了如何严格地定义效用，并且得自于简单公理的逻辑演绎，但他们仍然只是从钱的角度来考虑效用。经济学家继续将人看作"理性的"演员，选择使他们的钱或交易的货币价值最大的行为。

然而从人们在实验中的行为来看，就会发现人们并不总像博弈论说的那样做。钱——停顿一下再说——毕竟并不是一切。而且人们表现出来的并非绝对理性，而是非常的情绪化。你可以想象一下。

第二节　博弈和情绪

你可能会想（而且一些人确实这么想）那么博弈论就变得和人类社会的现实交互无关了，因为人们并非如博弈论所设想的，理性地寻求效用最大化。虽然博弈论经常被那样描述，但那并非它正确的样子。博弈论实际上只是告诉你如果人们"理性地"追求效用最大化，他们会怎样做。这使博弈论成为测量人们偏离理性大小的理想工具，很多博弈论学家对此感到满意。

然而，还有另一种解释。也许人们确实最大化了他们的效用——但是效用并非建立在金钱的基础上，至少并非仅仅是金钱。而且也许"情绪的"和"理性的"在描述人类行为时并非互相排斥。选择一种让你感觉舒服的方式，即使需要花费一些钱，这种行为真的是那么不理性的么？毕竟效用的概念是建立在幸福的基础上的，幸福很显然是一种情绪的概念。

实际上，很久以来大多数经济学家都认为人们是情绪性的。但是当你的目的是要科学地描述经济学——而且用数学的方法——承认情绪的存在将带来一个严重的问题，如科林·卡默热向我解释的。"主流经济学家说的一件事情就是，理性在数学上是精确的，"他说，"理性的方式只有一种，但不理性却有很多种。所以他们经常把这个作为理由——如果人们不是完全理性的，任何事情都有可能发生。"一旦任何事情可能发生，就不可能找到描述这种情境的数学。"在这个问题上经济学家们有点失败——如果你放弃理性，我们将无法精确地描述任何东西。"

这种观点看起来很像是只在路灯下寻找丢失的钥匙，因为如果它们在别处你就无法看见它们。如果你的数学只能描述一种（理性的）行为，那么你就会认为这种行为是正确的。但卡默热和其他行为经济学家认为应该先找出行为者实际上是什么样的。"我们的想法是，让我们找到那些考虑大脑实际上如何工作的科学家……向他们请教，"卡默热说，"很可能是虽然在数学上存在着很多可选择的模型，但心理学家们说：'噢，是这一种。'"[3]

当然，曾经有一段时间——就像在弗洛伊德的年代——心理学家们无法准确地回答人类行为背后的大脑机制。但随着现代神经科学的兴起，情形改变了。比如，人类的情绪不再像过去一样是个谜。科学家们可以观察当人们感到轻蔑、厌恶、恐惧或者愤怒、同情和恋爱时大脑的内部的活动，更不用提吸毒获得快感的时候。人类决策的驱动力可以追溯到特定脑区间的信号传递。因此人类的经济或是其他行为，可以不再用经济学家的"理性"和金钱效用来分析。实际上，看起来大脑是用多巴胺，而非美元来衡量效用。而且这只是神经经济学这门新学科对理解人类经济行为的贡献之一。

第三节　经济学和大脑

我先前也读到过一些神经经济学方面的文献，但真正看到这个学科的全貌，是在 2003 年当我来到位于休斯敦的贝勒医学院，造访瑞德·蒙特格的实验室时。他的"人类神经影像实验室"是高科技服务于科学的前沿典范，拥有一百台左右的电脑，成排的等离子显示器，和最新的大脑扫描仪器。蒙特格将一切归功于奔腾处理器的高速，强调这门新学科的力量在于它可以精确地描述人类的行为。

"我们将精神和人类经验量化，"他说，"我们将感觉转换为数字。"[4]

蒙特格的科学生涯始于数学和生物物理，但他预感到物理学并非将来的潮流。当涉足一个量子化学项目时，他想到了大脑。为什么不像理解宇宙一样用数学来理解认知？他开始进行建立大脑加工过程的计算模型的工作，接下来是观察真实大脑内部的活动，利用物理学开发了一项变革心理学的技术。

今天我们对大脑扫描仪如此熟悉以至于很难记起很多上一辈的科学家还认为大脑是永远无法了解的。在斯金纳的带领下，20 世纪的行为主义心理学深深影响了我们对大脑和行为的基本看法。行为主义者认为通过行为无法观察大脑，所以只有大脑产生的行为才是在科学上有意义的。这种看法对科学和大脑都是一个误导。

到了 20 世纪 70 年代，新的技术使大脑对研究者变得透明。放射性原子可以吸附到活体大脑中的重要的分子上，使这些分子的活动可以被观察，为我们提供了当动物表现出行为时大脑如何活动的线索。后来的方法放弃了放射性，使用磁场来对流经大脑的血液中的分子起作用。最终，这种被称为磁共振成像，或者 MRI 的方法，在医学上被广泛应用于皮肤下"观察"。神经科学家应用多种 MRI 技术来观察活动的大脑。[5]

"可以用影片记录下你大脑每个区域的血流动态变化情况，"蒙特格说。而且血流活动被证明是和神经活动紧密相连的——活动的神经元需要养分，所以血液就流向它们。你可以观察一个人表现出各种行为时他的大脑不同区域的活动变化趋势。

因此，当神经科学家拥抱影像工具的新热潮到来时，那些关于大脑哪些方面可以被研究和理解的旧的限制被打破了，蒙特格解释说。"不论你能否解释，信仰发生了重大的变化，"他说，"人们像这样把人放进扫描仪并让他们做各种认知任务，不夸张地说，从性交到想'帆船'这个单词。这些实验的结果很漂亮。我想对大脑的研究是前途无量的。"[6]

一个新兴的开发这些技术的学科似乎是一夜间拔地而起。神经经济学这个词本身首先出现在 2002 年。[7] 在那之前，蒙特格那些人将他们的研究称为"神经的经济学"。不管怎样，在这个领域第一篇引起人们注意的正式发表的文章出现在 1999 年，作者是纽约大学神经科学中心的保罗·格林切尔（Paul Glimcher）和迈克尔·普拉特（Michael Platt）。格林切尔和普拉特测量了猴子在完成一个决策任务时脑部的神经细胞活动。结果支持了这样的看法，神经活动能反映决策的因素——就是某些类似于效用（经济学家已经定义的）的东西。

当然，猴子不会为钱困扰，但它们非常喜欢喷出的果汁，以喷出的果汁为奖赏可以很容易训练它们完成各种任务。在普拉特-格林切尔实验中，猴子需要做的就是将视线从屏幕上的十字转移到两盏灯中的一盏上。看一次灯可以为它们赢得一次喷出的果汁。

但看其中的一盏灯会比看另一盏灯得到更多的果汁。猴子不用花太多的时间就能发现这一点（很明显猴子会这么想，如果我想要最大化我的效用，我应该看右边的那盏灯）。如果实验者将高奖赏和另一盏灯相联系，猴子很快就会明白并且将去看那盏新的能获得高奖赏的灯。

这些一点都不奇怪——先前也有过相似的实验。但在这个实验中，普拉特和格林切尔同时记录了猴子脑中一个位于处理视觉输入并参与负责眼动的区域内的一个神经细胞（如果你非要知道，那个细胞位于外侧顶内皮层，lateral intraparietal cortex，或者称 LIP）。

现在我们来看这个实验最精巧的部分。屏幕上的两盏灯中只有一盏摆放在那个被监视的细胞的视野范围之内。当那盏能被看到的灯出现时，神经细胞放出电脉冲，就像它们被刺激时一样。当猴子的眼睛移到那盏灯并凝视它，那个神经细胞的放电活动达到顶峰。到这里看起来还没有什么新奇的东西。但如果那盏灯正巧是"高奖赏"的灯，神经细胞放电就比观看"低奖赏"灯时的信号强。对于一个老派的神经生理学家来说，这将会是令人惊奇的。因为在这两种条件下真实的视觉刺激是完全相同的——一盏灯亮起，眼睛转向它。但和视觉刺激相联系的神经元"知道"哪盏灯会带来更大口的果汁。猴子选择去看那盏高奖赏的灯（也就是效用最大化的选择）反映了大脑特定区域中一个神经细胞活动的特定变化。[8]

当然，那个实验只是个开始，但它使很多科学家看到了通过观察大脑内部来理解经济决策行为的可能性。第二年，神经经济学的先锋人物聚集在普林斯顿，举行了第一次学科会议。蒙特格回忆起一位与会的经济学家所表示的怀疑，他觉得没有理由相信大脑化学物质和经济学有任何关系。"我说那只是胡说，"蒙特格回忆道，"如果不是你的大脑，你相信是由什么样的幽灵产生了经济行为？"更糟的是，那个经济学家甚至不认为他的看法是过激的。"我为此感到诧异，"蒙特格说，"现在仍然很诧异。"[9]

将神经科学和经济学相融合的想法逐渐被人们理解，虽然也许在神经科学领域比在经济学领域来得更快一些。《神经元》杂志在2002年10月发表了一期专刊，刊登了一系列关于人类决策的文章，其中的很多都在探索神经经济学研究提出的新观点。

蒙特格和伯恩斯在那期专刊上的文章中提出化学物质多巴胺是大脑用来测量潜在行为相对获益的货币。那篇文章引用了很多证据来支持这个观点，即一个活动回路连接了大脑的两个部分——一部分靠前，在前额后面，另一部分则深埋在大脑中部——通过产生更多或更少的多巴胺来主导决策行为。证据表明多巴胺水平预测了不同选择的可能奖赏。

多巴胺一直以来被认为是大脑最主要的快乐分子，和产生快乐感觉的行为有关。但并不只是快乐控制着多巴胺的产生。实际上，看起来大脑的多巴胺货币调节了对快乐的期待（或某种形式的奖赏）。蒙特格和伯恩斯展示了大脑的某些产生多巴胺的神经细胞负责监控期待奖赏和实际奖赏的差异。如果一个选择带来了和预期完全相同的奖赏，多巴胺细胞保持一个平稳的活动水平。当快乐超过了预期，那些细胞疯狂地释放多巴胺。如果奖赏不如预期，多巴胺就减少。这个监控系统也考虑了奖赏的时机——如果晚餐推迟了，多巴胺就会减少。当预期的奖赏没有实现，多巴胺监测系统告诉大脑改变它的行为。通过这种方式，对奖赏的期望可以指导大脑的决策。

蒙特格和伯恩斯指出，重要的一点是，并非所有大脑都相同。一个人梦想的奖赏可能是另一个人可怕的噩梦。一些人只在期待巨大的奖赏时才会做冒险的选择；一些人冒险只是为寻找乐趣。神经经济学的一个前景就在于它可以通过大脑扫描来确定这些个体差异。

在蒙特格和伯恩斯描述的一个实验中，人们在电脑屏幕上选择A或者B，然后观看屏幕上的一条杠来看看自己是否赢得了奖赏（这条杠记录了游戏进行中的累积奖赏“点”）。随着游戏进行，电脑会根据玩家的选择来调整奖赏。一开始，选择 A 使杠上升得更多，但频繁地选择 A 会使 B 成为奖赏更多的选择。当 A 的奖赏下降，一些玩家很快就发现了并转向更多地选择 B。但有些人会一直选择 A，赌它会回到开始的高奖赏率。这表现出一些大脑比另一些大脑更倾向于冒险——一些人保守地玩；另一些人喜爱冒险。〔事实上，蒙特格说对这两类玩家更准确的标签应该是“匹配者（matchers）”和“优化者（optimizers）”。“我称他们保守和冒险是因为可以拿它们开些有趣的玩笑。”他说道。〕

对我来说，听起来更像是他们该被称为“转换者”和“顽固者”。然而标签并不重要。这个实验最吸引人的结果是大脑扫描所揭示出来的。当然可以肯定，两组人的大脑活动方式不同，特别表现在一小组叫做伏隔核的脑细胞上。这是一个与药物成瘾相关的脑区，“冒险型”玩家（顽固者）的这个脑区更活跃。

然而最巧妙的是，你可以在比赛一开始就区分出哪些人是冒险者，哪些人是安全型的玩家，甚至当他们的行为还未表现出差异时。这类证据可以推翻行为主义者认为只有行为才重要（或者才能被了解）的旧看法。在游戏初期，两个玩家可以表现相同，做出完全相同的选择。但是通过扫描他们的大脑你将会看到不同，这使你可以预测当奖赏率发生变化时他们会怎么玩。

“那些整体来说更冒险的人和那些转换选择的人不同——甚至没有人会转换类别。”蒙特格告诉我们。更有趣的是，两组人也存在着遗传上的不同。

因此神经经济学家为经济学家提供了一种他们不曾拥有过的工具，带来了新的希望：通过观察大脑内部活动，科学也许可以真正走上发现支配人类行为的自然法典之路。

第四节　你相信谁？

2003 年，普林斯顿大学的研究者在《科学》期刊上发表了一篇文章，成为神经经济学史上的一个里程碑。在艾伦·山菲（Alan Sanfey）和他的同事们所做的实验中，参与者们玩一个叫最后通牒的游戏，这是行为博弈论学者最喜欢的游戏之一。这很像在一个电视游戏比赛中，你得到了很大一笔钱，但你必须和陌生人分享你的收获。假设你得到一百美元，你将其中一些分给陌生人，剩下的留给自己——除非那个陌生人拒绝你的钱。如果是那样，你就必须把所有的钱交回，这样所有人都一无所获。

理论上，不管你给多少，陌生人都会接受，毕竟聊胜于无。因此，一个博弈论学家可能会下结论说你应该分给陌生人很少的钱——10美元，甚至只要1美元——那样你就可以带着尽可能多的钱离开。但实际上，大多数陌生人拒绝很少的钱。比如说如果你分给陌生人10美元，你更可能一无所获而不是带走90美元，因为那个陌生人可能会仅仅为了惩罚你而拒绝你的施予，即使那样做会损失个人利益。因此，人们往往会表现得更加慷慨——拿出奖金的40%~50%给陌生人，也就是——预料到不公平的给予会被愤怒地拒绝。

这是另一个不成熟的博弈论会做出错误预测的案例，博弈论假设每个人都会追求金钱的最大化，但这在很多经济学实验中被证明是错误的。然而来自普林斯顿的研究走得更远，它在陌生人考虑是否接受另一个人的施予时，扫描他们的大脑。在这个研究中，奖金只是10美元——科学家们没有像"谁想要成为百万富翁？"那类节目中那么多的钱——但原则是一样的。如果第一个人只给出1美元或2美元，往往会被拒绝。但也并不总是这样。你可以通过观察大脑内的活动来分辨哪些人更可能接受较少的钱，哪些人更可能拒绝。

更容易拒绝低金额的人普遍表现出大脑前部一个叫做脑岛的区域（一个已知和负性情绪，包括愤怒和厌恶有关的区域）的强烈的活动。这些人的另一个脑结构——前扣带回皮质——也表现出了增强的活动。这个区域已知和监测冲突有关——在这个实验下，冲突来自于选择惩罚那个吝啬鬼还是拿走钱。"不公平的待遇……有时会使人们放弃经济上的收获以惩罚同伴的轻视。"山菲等人在《科学》期刊上这样写道。[10]

在一篇评论中，科林·卡默热指出，山菲等人的文章展示了基本博弈论的法则如何失效——人们的行为并不总是出于私利（即获得尽量多的钱），在一个"游戏"中并非所有的玩家都如纳什均衡的基本假设那样倾其全力。但卡默热指出，行为博弈论可以不受这些假设的束缚并且仍可以很好地认识人类行为。神经经济学事业，换句话说，是将行为博弈论的理论扩展到真实生活中决策行为的有力工具。

举个例子，从蒙特格的一种类似的行为游戏，可以看到人们奇怪的经济行为。在一个这种游戏中——一个检验信任的任务——玩家1获得了20美元，他可以留一部分并将剩下的放在一个虚拟的罐子里，放进罐子的钱会翻三倍。如果玩家1留10元捐10元，罐子里的钱会变成30元。玩家2可以和玩家1平分罐里的钱或者选择独吞。

"如果你平分，从某种意义上说你报答了信任。"蒙特格说。但如果你拿走 29 块，剩下 1 块，下一轮玩家 1 就不太可能往罐里放太多的钱。在游戏进行的任何时候，某个玩家或另一个可以选择独占全部的钱，因此合乎逻辑的做法是在另一个玩家这样做之前尽可能快地独占所有的钱。但实际上，人们一般会相信对方并不会那么自私——虽然相对来说有些人更信任他人，有些人更自私。

传统的经济学家们对这类游戏的结果并不感到奇怪。在 20 世纪 80 年代，博弈论带来了"实验经济学"的兴起，在实验中常常会出现这种有悖个人利益的行为。神经经济学的独到之处在于它通过磁共振成像窥视到玩家在游戏时的大脑活动。在这方面，蒙特格的实验室有着尤其精良的配备，包括一对扫描仪，分别放在观察站两侧的相互隔离的房间里。当玩家们决定下步怎么做或怎样应付对方时，科学家们可以观察到电脑记录的他们的大脑活动。"你可以看到行为。你还可以倒回来看他们的意图，是留下更多的钱还是捐赠更多，"蒙特格说道，"这让我们可以把两个脑子里发生的事情相互联系起来。我认为这很棒。这是一种研究社会交互的直接明了的方法。"[11]

然而神经经济学并不总需要扫描大脑。加州克莱蒙特研究生院神经经济学中心的主任保罗·扎克（Paul Zak）经常会用血液化验代替大脑扫描。他能将不同的经济行为和特定荷尔蒙的水平联系在一起。在一个扎克版的信任游戏中，玩家们通过电脑沟通。一个玩家从得到的 10 美元中分一些给另一个玩家，第二个玩家会得到三倍于这些的钱（所以如果玩家 1 让出 5 美元，玩家 2 将得到 15 美元）。这时玩家 2 可以接受所有的钱，也可以返还一部分给玩家 1。但在这个实验中，游戏总在一轮之后就结束了。因此玩家没有为了下一轮能得到更多的钱而去赢取对方信任的动机。

因此标准的博弈论表明玩家 2 会留下所有的钱，返还一部分钱对他而言并无利可图。但是如果玩家 1 预测到事情的发展，在一开始就不会分给玩家 2 任何钱。不管怎样，很多玩家并不遵从原始的博弈论，而是至少会表现出一些信任，相信玩家 2 会公平游戏。大约一半先拿到钱的玩家选择分给玩家 2 一些钱（表明他们是信任型的人），四分之三得到施予的玩家会返还一部分钱（表明他们值得信任）。

在这种博弈中，有趣的还是找到个体行为差异背后的原因。研究发现那些值得信任的玩家有更高水平的催产素，一种与快乐和幸福有关的荷尔蒙。很明显的，第一个玩家通过分享所得表现出的信任激起了一种正性的荷尔蒙反应。"这告诉我们人们对环境有很高的反应性，"当我在克莱蒙特访问扎克时他告诉我说，"得到正性信号的人们会发生正性快乐的荷尔蒙反应，并在他们的行为上表现出来。"[12]

扎克相信信任和催产素之间的关系是理解很多世界经济健康问题的关键。催产素和幸福感有关，人民主观幸福感越高的国家也是信任度最高的国家。信任水平是一个国家经济健康的一个良好指标。"信任，是经济学家已经找到的和经济增长最为相关的因素之一。"扎克说道。

第五节　人类神经经济学

神经经济学的发现并不能打动所有人，比如像那些让蒙特格感到疑惑的对大脑毫无兴趣的经济学家。从那些经济学家的角度来看，神经经济学可能并不能提供太多有用的信息。对他们来说，重要的只是人们做什么，至于他们做这些时大脑的哪些部分在忙碌并不重要。

然而，神经经济学家想要的并不仅仅是对经济决策的简单描述。他们想要的是"自然法典"，是那些18世纪的思想家，比如大卫·休谟和亚当·斯密所找寻的对人性的科学认识。"神经经济学家们更宏伟的目标，"神经经济学家阿尔多·拉切奇尼（Aldo Rustichini）写道，"是尝试完成早期的思想家们（特别是休谟和斯密）首先提出但未竟的研究工作：提供解释人类行为的统一理论。"[13]

明尼苏达大学的拉切奇尼指出亚当·斯密的著作——《道德情操论》和《国富论》——是一个将人类文明编成法典的伟大计划的一部分，来解释很多自私的个体如何很好地合作以建立起功能复杂精巧的社会。斯密的基本回答是同情心的存在——一个人明白另一个人的感受的能力。现代神经科学开始揭示同情的机制，他们发现人类脑中存在着"镜像神经元（mirror neurons）"，当人们做一个动作或看别人做同样的动作时，镜像神经元都会被激活。

其他神经科学研究找到了人类行为倾向以及集体和合作行为的神经基础。比如，科学家们在重复囚徒困境游戏中扫描玩家的大脑，找到了在那些更喜欢合作的玩家比"纯理性地"选择欺骗的玩家大脑中更活跃的区域。[14]

另一个研究用信任游戏的一种变式来检验那些惩罚非合作者（留下所有的钱而不是公平地返还一些钱）的玩家的大脑。在这个游戏中，感到受骗的玩家会为欺骗者评定一份罚金（虽然他们必须以减少自己的所得为代价，他们损失了罚金的一半）。选择惩罚欺骗者的玩家大脑里和期望奖赏相关的脑区表现得尤其活跃。这表明某些人的快乐源自于对做错事的人的惩罚——他们的收益是个人的满足，而非金钱。在人类社会进化的早期，这些"惩罚者"扮演了对群体有利的角色，他们将不值得信任的非合作者排除在群体外，使合作者们生活得更加容易（因为这种惩罚使个人受到损失但对整个群体有利，它被称之为"利他惩罚"）。[15]

这些研究强调了人类行为的一个重要方面，这是一部通用的"自然法典"所必需提供的——也就是并非所有的人都有相似的行为。一些玩家更喜欢合作而另一些会选择欺骗，一些玩家比另一些人更渴望去实行惩罚。一部"自然法典"必须是能包容不同的个体行为倾向差异。人类在生活的游戏中使用混合的策略。人们并不是分子，他们看起来相像却表现得不同不是仅仅因为随机的交互。人们只是互不相同，跟着自己的节拍舞蹈。经济博弈论和神经科学的融合有助于更精确地认识个体差异，以及这些差异如何对人类社会交互的总体起作用。正是了解这些个体差异，卡默热说，将给旧的经济学流派带来变革。

"很多经济学理论使用了典型代理人模型（representative agent model）。"卡默热告诉我。在一个包含数百万人的经济系统中，很显然每个人的行为不会完全相同。也许10%是某种类型，14%是另一种类型，6%又是另外一种，表现出来的是一个真正的混合。

"在数学上，常常很难把所有这些都合计起来，"他说，"更简单的说法是有一类人，他们的数量是一百万。然后你可以很简单地合计。"因此为了计算的简单性，经济学家们会假设世界上有几百万某种类型的人，以这类人会怎样行动作为假设。

"并非因为我们不认为人是不同的——他们当然不一样，但是那不是分析的重点，"卡默热说，"我们只是专注于某类人。但我想来自大脑和遗传学的证据都迫使我们去考虑个体差异。"

并且从某种程度上说，经济学家很自然会想这么做。

"劳动力的专门化和分配是经济学上最核心和最有趣的事情之一，"卡默热说，"因此放宽一点讲，个体差异越大对经济就越好——只要人们都在做合适的工作。因此更多地了解个体差异对某些领域，比如劳动经济学是非常重要的，核心问题是你是否把每个工人安排在合适的岗位上。"[16]

扎克也进行了效用计算的大脑定位研究，他指出这种研究对经济学家的研究范围进行了革命。

"在经济学中，我们一般认为这种效用函数在个体间是很一致的，"他说，"现在我们可以对此提出很多疑问。它有多稳定？个体差异有多大？为什么你更喜欢咖啡而我更喜欢茶？如果咖啡的价格翻了一番会怎样？如果你两个星期没有喝咖啡了又会怎样？你会觉得咖啡更有价值还是更没有价值？这些都是非常基础的问题，它可能会影响到市场上的东西如何定价，也可能影响到我们如何制定法律。"[17]

虽然神经经济学家可能提供了认识个体行为和差异的基础，但神经经济学自己并不能提供"自然法典"，或是人类行为的科学，就像阿西莫夫（Asimov）的心理史学。历史包含了各种社会交互方式（政治的、经济的、文化的）下的人类集体行为的总和。为了了解人类文化，科学家们必须寻找一部"自然法典"，博弈论提供了完成这个任务最好的工具。

第六章

谢顿的解决方案——博弈论、文明和人性

利己主义者敢说各种各样的话和扮演各种各样的角色。

——拉罗什富科

你不需要通过博弈论去了解最后通牒游戏，[1] 通过电影你就能对它有所了解。

在经济学家设计最后通牒游戏的几十年前，就有与其十分相似的东西在1941 年的电影《马尔他黑鹰》中出现过。故事场景发生在私人侦探山姆·史佩德（Sam Spade）的公寓里。史佩德（由 Humphrey Bogart 饰演）刚刚和罪犯卡斯帕·古特曼（Kasper Gutman）（由 Sydney Greenstreet 饰演）达成一笔交易。史佩德将从古特曼那里筹到 1000 美元并很可能分给布里吉特·欧肖尼西（Brigid O'Shaughnessy）（由 Mary Astor 饰演）一部分，电影中的那个荡妇。

"我想给你一句忠告，"古特曼低声对史佩德说道，"我敢打赌你准备给她些钱，但如果你打算给她的钱比她认为自己应得的钱少，你就要小心了。"古特曼知道当人在感觉自己受到不公平的对待时会做出消极反应。他不需要通过博弈论或脑扫描仪，就可以利用人类狡猾的天性预知最后通牒游戏的结果，因为他是一个敏锐的人性学研究者。

所以，为什么要为博弈论所困呢？如果无论是在真实的世界还是在实验室，你仅仅通过观察人的行为举止就能领会到人的天性的话，那么博弈论对你来说也许就只是一门多余的数学了。除此之外，当博弈论数学掺杂了经济学家的自私的理性信念，它甚至起不到正确地预测人类行为的作用。

事实上，尽管如此，博弈论与犯罪的直觉相比，还是在描述人类天性上，提供了一种更加世故和定量的工具。从正确的角度上看，最后通牒游并没有反驳博弈论，而是发扬了它。公平、信任和其他社会条件确实在人玩游戏和做经济选择时起作用。但它正说明了标准经济学中利己主义的概念太有限制性了——生活比金钱更有价值。博弈论中的数学并不能真实地反映出人类的需求，它只能说明人类为了获得自身需要应该怎样去做。

正如经济学家约尔根·魏布尔（Jörgen Weibull）所说，关于博弈论穷途末路的报道太夸张了。"某些被多次提及的博弈论解决方式——比如纳什均衡……——已经违反了实验室中的实验，"魏布尔写道。"虽然很有可能人类的行为在许多场合并不遵循这些解决方式，但是极少有实验事实上能实际为它提供证据。"[2]

早期的实验测试比如最后通牒游戏只是假定人们仅想将他们的金钱最大化——他们总是在做这个游戏时不能得逞。这些测试不是反驳博弈论，恰恰相反地，它说明了实验者的某些假设出了错。后期的最后通牒游戏试图融入公平或者一些更加普遍的东西，来测试选手的社会偏好（也就是说，对其他事物的关注）怎样影响其在竞赛中做出选择。这些因素如利他主义和敌意，魏布尔说，影响了选手想要达到的结果，他们根据这些做相应的选择。

"的确，一些实验室中的实验非常有说服力——尽管这可能对不是经济学家的人来说不那么令人惊讶——说明人类主体的偏好并不只由主体的物质结果决定。"[3]在某些情况下，社会背景（意思是说，按照与一个人同龄的人群的标准）决定选择，而此选择与个人利己主义和利他主义看来都不一致。"深入分析这一类型的参数对于我们理解很多社会行为看似更有帮助。"魏布尔说。[4]

第一节 人性的天性

博弈论通过抓住社会参数选择的细微差别，开拓了其铸造人类行为科学的前景——预测社会现象的自然法典。但这个计划仍存在缺陷。它在博弈论一开始描述时就假定了有"人性"这个概念。

初步看来，那些采用最后通牒游戏的实验确实为证明人类天性的一致性提供了依据。毕竟，当经济学家与大学生进行最后通牒游戏时，无论是在洛杉矶、匹兹堡，还是在东京，结果都相当的一致。当然，一个知名的社会科学家阵营强烈坚持认为，有一个明确的普遍人性的存在。被广泛宣传的进化心理学的热衷者也坚持认为，人类今天的行为反映了人类进化早期时的物种的基因选择。这个概念意味着人性是一个种族共同的传承，塑造了人类今天对环境的本能反应，这取决于他们在猎群时代怎么做才能生存下去。

哈佛大学的心理学家斯蒂夫·平克（Steven Pinker）是这一观点的典型支持者。他在自己的书《白板》（The Blank Slate）中怀着极大的热情宣扬他的信念。他认为，"人类大脑在出生时是空白，而完全靠经验来塑造"的观点是没有意义的。进化已经把人性的一般特征编入程序，存储在指导大脑发展的基因硬盘驱动器里了。所以，今天所说的人性起源十人类进化的早期。"从进化的角度对于人性的研究可知，许多心理的能力（比如我们对多脂肪食物的渴望，对社会地位的渴望，对冒险的性关系的渴望），与对当前环境的现实要求相比，更好地适应了我们祖先对环境的进化要求。"平克在书中提到。[5]

换句话说，今天的人类只是穿着衣服的猎群者而已。

表面上看来，如果这个观点是正确的，它或许对于博弈论和其他人类科学是件好事。如果自然法典被刻入存在于人类基因的天赋，它将大大开阔解密掌控人性的法则并预测人类行为的前景。毕竟，自然法典存在的这个概念可能被解释为有这样一些所有人类种族成员都遵循的普遍的行为程序。

然而，尽管人们对进化心理学领域所做的智能研究给予应有的尊重，一些从中得出的结论的依据相当没有道理。与其说支持进化心理学，博弈论更有助于指出它垮掉的原因。进一步说，博弈论起的作用与阿西莫夫的小说主角哈里·谢顿起的作用极为相似。哈里·谢顿找到了阐述他的社会物理学或心理史学的方法。

第二节 比 较 文 化

在阿西莫夫所著的"基地三部曲"的第一部《基地前奏》中，讲述了在川陀星球（银河系的核心世界）的一次数学会议上，年轻的哈里·谢顿发表了一篇演讲。谢顿的演讲阐述了通过心理史学中的数学来预测未来的观点。心理史学是一门他刚开始进行研究的科学。自然地，国王接受了他的观点（在银河系的未来，政客们远比今天更关注科学）并且接见了谢顿。

"我所研究的，"谢顿对国王说，"是想说明通过研究人类社会来预测未来是可能的，当然不能预测所有的细节，只能从大体上，虽然不具确定性，但却具有可以预测的可能性。"

但当国王得知谢顿还不能准确地预测未来时，感到很沮丧。谢顿仅仅形成了如何预测未来的理论的雏形，并且是在假设数学得到充分发展的情况下。事实上，谢顿对他是否会成功也持怀疑态度。

"在研究社会时，我们把人类放在第二位，但是现在又有了人类思想这一附加的因素，"谢顿解释道。"列入考虑范围的各种观点和思想上的冲动给研究增加了不少的复杂性，以至于我们没有时间一一照顾到。"[7]

谢顿指出，事实上，可以有效预测银河系未来的心理史学必须考虑 2500 万个星球上相互影响着的人类变量，每个星球都包含十亿多的可以自由思考的头脑。"然而从理论上讲，做一个心理历史学分析是可能的，但它不见得在任何实际意义中都能完成。"他坦言道。[8]

这些悲观的现实使国王不快，谢顿很快发现自己成为了川陀星球上的一个逃亡者，从一个地区流浪到另一个——从皇府的市内区，到大学城，到农垦区，到一个废弃的采矿中心。在书的最后写到，谢顿意识到川陀是银河系的一个微观缩影，是成百上千个有着各自风俗习惯的社会的归宿。这是他达成一门心理史学科学的解决方法！他不需要分析 2500 万个世界的数据，而只通过把川陀当成实验室就可以了解人类行为的变更。

临近 20 世纪末，讲求实际的人类学家独立地制订出了一项类似的为分析人类社会行为的计划。通过在地球上与世隔绝的小社会中进行最后通牒游戏（和一些其他的形式），科学家发现人类天性并不那么普遍。事实证明，后工业社会中的大学生并不能完美地成为整个人类种族的代表。

这个全世界范围的游戏计划是由人类学家乔·亨利希（Joe Henrich）提出来的。之后在 1996 年，一个加州大学洛杉矶分校（UCLA）的研究生和东秘鲁马奇根加的农民进行了这个最后通牒游戏。游戏的规则同大学生的一样：给一个选手一定金额的钱并且让他必须和第二个选手分享这笔钱。第二个选手可以接受（第一个选手留下的剩余的钱）或者拒绝。当他拒绝时，所有钱将被收回，谁也得不到什么。

到亨利希在秘鲁试验最后通牒游戏时，这个游戏已在大学生中广泛流传。大学生经常把金额出到总数的 40% 以上。人们往往接受这样的给予金额。有时候，如果出钱太少，就会遭到拒绝。在马奇根加，亨利希注意到，人们往往会给出更低的金额——而且大抵还是会被接受。

"我们也希望马奇根加人和其他人做出一样的选择，"加州大学洛杉矶分校的人类学家罗伯特·博依德（Robert Boyd）告诉我，"他们做出的选择是如此迥异，使得我不知道该再期待些什么。"[9]

当世界上的其他人只计情感而不计收益时，马奇根加人真正地了解了博弈论的理性选择的规则了吗？或者其他孤立的文化也会出现同样的现象？很快亨利希、博依德和其他人从麦克阿瑟基金会得到了经费，并利用这些资金在四块大陆上的 15 个小规模社会群体中重复了这个游戏。结果让人十分费解。从斐济到肯尼亚，从蒙古到新几内亚的参与者，游戏的结果既不同于大学生的，也不同于经济学理论所讲的，但不管怎样他们都以愉快收场。

在某些文化中，比如马奇根加，给予低金额是典型的并被广泛接受的。但在其他文化中，金额经常很低却往往被拒绝。在 些文化中，人们有时给予特别慷慨——甚至比一半还多。但在有些社会这样慷慨的给予又很可能会被拒绝。而在其他组中，不管给予多少，从来没出现过拒绝的情况。[10]

"它确实让你对人类社会性的本质重新思考，"现在于亚特兰大爱默里（Emory）大学就职的亨利希对我说，"人类社会性多种多样。只要你的理论是有关人类行为的，你就必须解释它的多样性。"[11]

第三节　文化多样性

这种跨文化的博弈论的研究，清楚地展示了不同文化背景下的人在从事经济活动时并非像传统经济学教科书上所描述的那样自私。而且研究还表明，在群体日常生活的文化细节方面中确实存在行为的差异性。组内成员也存在个体差异，如性别、年龄、教育程度，甚至个人财富方面的个体差异，但这些因素并不怎么影响成员拒绝他人给予金额的可能性。做出这样的选择，相对于个体特性来说，更明显地取决于一个社会参与的各种经济行为。特别是，平均的给予金额似乎反映了一个社会与其他群体交易的数量。研究表明，在市场交易中运用更多的经验，并没有把竞赛变残酷，反而使市场更公平有序。

比如，吝啬的马奇根加人，与世界的大部分地区经济上是分离的——事实上他们就连与自己家人外的其他人发生联系都很难。所以他们基于市场的经济活动是非常有限的，他们都表现得非常自私。在具有更多"市场综合"的文化中，像肯尼亚奥玛人的牲畜交易，最后通牒游戏的给予金额普遍偏高，平均占总数的44％，而且经常会达到总数的一半。

奥玛人的平均给予金额同美国大学生的十分接近。但美国大学生有时会给出低金额，奥玛人却很少这样做。大学生发现，他们给出的低金额通常会被拒绝，相反在某些社会中无论多低的金额都会被接受。比如蒙古西部的吐尔库特（Torguud）蒙古人，低金额就很少被拒绝。即使这样，吐尔库特的平均给予金额仍达到30％～40％——尽管事实是给予者如果给予金额更低可以得到更多。显然相对于金钱来讲，蒙古的本土文化更看重公平。并且吐尔库特人并不十分在乎因拒绝一个给予的金额而一无所有。

通过对不同社会的研究，人类学家发现了文化因素规定无私行为的各种不同方式。比如在巴拉圭的Aché，猎人们通常将一天的猎物留放在村子的周边。部落的成员们再找回猎物与村民分享。所以在做最后通牒游戏时，Aché 人经常给出高金额，往往比总数的一半还多。印度尼西亚捕鲸为生的 Lamalera 人也是这样，他们公正仔细地把捕获的鲸鱼的肉平分。

尽管如此，文化在其他社会里的影响是不相同的。在坦桑尼亚，哈扎人分肉吃，但他们对此不满并且一旦有机会就会走开摆脱分享。但是，不分享的人有可能会遭到受人排斥的风险，以及社会的谴责和流言蜚语。这样使得在进行最后通牒游戏时，哈扎人给出低金额时会遭到很高的拒绝率。

另一方面，给予高金额并不总是意味着该文化中渗透着利他主义。巴布亚新几内亚岛的奥和格瑙人经常给出高于一半的金额，但是这样的慷慨也经常受到回绝。表面的原因是奥和格瑙人认为接受别人的馈赠意味着你今后还有义务报答人家。一份过高的给予金额甚至可能会被看成一种侮辱。

科林·卡麦勒（Colin Camerer），一位在跨文化博弈研究领域中与人类学家合作的经济学家，认为这种结果是另一种对经济行为上的文化影响的扭曲。"给予过多的金钱，不会显得格外慷慨，这实际上是一种吝啬的表现——是自降身份的，"卡麦勒解释道，"因此金钱被贬值了，因为人们不想受到侮辱，也不想负债。"[12]

这种跨文化的博弈实验所产生的惊人结果表明，博弈并不必要用科学家预想的办法来衡量。博弈实际上接近于一种文化实践的形式，而不是单纯地用来测试经济行为。选手们明显地都在尽力体会博弈与真实生活的相关联系并都做出相应的表现。

比如，奥玛人迅速意识到真实生活和最后通牒实验中变量的相似性。在公共物品博弈（在第三章和第四章中出现的）中，实验者［加利福尼亚理工学院的简·恩斯明格（Jean Ensminger）］提供给 4 个奥玛人每个人一些钱，参与者捐献部分给社会，并留下剩余的。然后恩斯明格会将金钱总额加倍，并将其平均分给四位参与者。当她向其肯尼亚助手们描述这次博弈时，他们迅速回应说这就像哈兰比一样——一次为社会工程募捐的实践。

"人们在实验中的所作所为确实大大改变了我们的想法，"卡麦勒在加利福尼亚学院与我的一次谈话中说，"我们将数学的偏见沿袭到博弈论中来了。"换句话说，最初的信念是"当你参与了博弈时，这就像一个聪明的孩子坐下来玩垄断大亨或者扑克……他们读懂规则，弄清楚该做什么——他们把它当成一个逻辑问题来处理。但是这些人把它当作类比推理——这与生活中的什么相似呢？"[13]

所以，博弈实验所表明的是，在不同的文化背景下，生活形态是各异的，并且经济行为恰恰反映了文化生活中的这些差异。博弈论阐述了文化与经济行为的相互影响，说明人类的思维方式不是放之四海而皆准的。人类文化不是单一的，而更像是博弈论中的综合策略。

令人好奇的是，全世界文化行为的差异性与从各类学科中发掘的"人类天性"的多种版本十分类似。当我去博伊德（Boyd）的办公室拜访他时——在 UCLA 大学的 Haines 礼堂的三楼——我们的话题转到探求人类本性的普遍概念和人类行为的基本准则上。博伊德哀叹学术界对于人们如何标记正确事务的观点是如此的支离破碎且不协调。

"在社会科学中，有这样一种古怪且在我看来又站不住脚的情况，"他说道，"在 Bunch 大厅经济学家会告诉学生们他们的一个观点。当学生来到一层楼下来听社会学时，老师会告诉他们，经济学家的观点是错误的，社会学的是正确的。之后他们上来到这，我们这些人类科学家告诉他们各种不同的事情……然后他们去心理学部门再次得到不同的结论。这种情形并不好。我们无法接受经济学家和社会学家都陶醉于各自领域的这种局面，而且该局面一直存在于一些应该追求真理的领域之中。"[14]

尽管如此，博弈论作为一种社会科学工具的兴起，将可能有助于改变上述情形。特别是，将博弈论中的抽象数学与真实世界中人类学家和其他社会科学家的观点相结合，已经开始表明人性的观点的巨大差异可能更贴近于生活的真实方式。

"不知何故，在近 20 年出现这种情况，"博伊德说，"那些热爱像博弈论这样的数学理论研究的人，却将此建立在心理学上所谓的真实人类身上。"

第四节　博弈，基因与人类天性

在许多社会中显示的公正及行为的多样性，很难与人类心理通常是由过去进化所形成的这样的观点相一致。进化心理学的强硬解释可以随处预测类似的行为。然而，博弈实验项目却给进化心理学家出了一道难题。

"我认为如果最终结果是，世界各地的人都是……冷酷自私的，进化心理学家们就会说，'看，我早告诉过你，'"博伊德说。"但若结果不是这样的话……对他们来说那就不是一个令人满意的事实。从另一个角度来讲那却是相当有力的证据。"但他指出，进化论对于人类心理学来说仍然重要。"受过教育的人都不应该怀疑心理学是进化论的产物——那是与生俱来的，"博伊德说。"问题是，它如何起作用？"

正如卡麦勒所说，进化心理学家总是可以退却到可靠的说法，即祖先的环境造就了人与人之间的不同。但在那种情况下，最初关于单一的"人类天性"的主张就显得相当的薄弱了。"我认为你可以拒绝接受有关文化多样性的强硬说法。"卡麦勒说。[15]

我认为认识到这一点很重要，即对于进化心理学和它智慧的先驱——生物社会学的敌对人士所提出的"基因决定论"的反对，并不是他们下意识的反应。关于进化心理学局限性的结论是有证可寻的。随着近十几年来进化心理学经常受益于有利的宣传潮涌，越来越多发人深思的批评（不是刻薄的论战）也渐渐地开始出现。

其中最有意思的一条批评来自于迪卡布北伊利诺斯大学的哲学家大卫·布勒（David Buller），他批判性地评价了一些进化心理学的主张"成功"的方法的严谨性，并且发现证明它们的证据事实上是模棱两可的。在 2005 年出版的书以及同年发表在《认知科学的潮流》上的一篇论文中，布勒区分了纯粹的进化论研究和心理学的关系——进化心理学用一个小写字母 e 和 p 表示，从进化心理学来看，论文中的范例是基于"普遍人性学说"和"关于思想的适应性建筑是大量模块化的假设"。

"进化心理学家主张认为我们的心理适应能力是'模块'或者说有特殊用途的'小型计算机，'它们在更新世时代，都用来解决我们原始猎群祖先所面对的生存或繁衍的问题。"布勒写道。[16]

他主张认为许多进化心理学家声称的"发现"都在评论分析下土崩瓦解。进化心理学家说他们的工作解释了嫉妒在性别上的差异，一种能发现"欺骗"的与生俱来的能力（如，当一些人获取好处却没能履行义务），以及收养子女比其亲生子女更容易受到父母虐待的趋势。布勒说，无论进化心理学的解释看起来多么合理，其潜在的真实证据还是有很多缺陷的。某些情况下，这些观点所依赖的数据可能是偏执或不完善的，而且有时研究方法并不足以严密能够排除关于结果的其他可能性解释。例如，布勒坚持认为，旨在阐述大脑的"欺骗探测器"模块的卡片选择任务的结果，也能够通过没有模块但思考有逻辑性的大脑来解释。他写道，"虽然进化心理学的范式是一个大胆创新的说明性框架，它并没能从进化论的角度为人类心理学提供一个精确的理解。"[17]

布勒的批判体现了一个长久以来备受争议问题的最新发展阶段，这是一个关于基因和进化在塑造人类文化和行为模式的作用的争论，一个被普遍认为是关于先天和后天——基因和环境之间的对决的问题。进化心理学观点把巨大的力量归因于指导人类行为的基因天赋；许多科学家、哲学家与其他流派的学者发现关于基因力量独裁决定论的信仰让人尤为不悦。

无论如何，像布勒的异议——不管它们是否有很好的依据——都不应该被认为是支持一种极端的观点，即否认基因在行为中起的任何作用（让人惊讶的是，有时仍然被表达出来）——或者更精确的，人类行为之间的差异。当然，没有基因，就没有行为——因为那样就将没有大脑，没有身体，无从开始。真正的问题是，个体基因组成的多样性是否导致人和文化中所显现的行为趋势的多样性。近年来，关于此问题最深入的研究者曾倾向于赞成基因在某些程度上起作用。任何说基因根本不起作用的人肯定不关心分子遗传学研究，尤其是在神经系统科学领域的研究。而且，正如进化心理学家所认为的那样，现代神经系统科学的确为许多大脑功能中的模块性提供了一些证据。但是，最近的神经系统科学也主要通过展示大脑的灵活性来举进化心理学的范例。事实上，为特定行为做准备的大脑的确是有特定系统的。但是，事实上，人类大脑在体验之后适应趋势的能力上展示了很强的灵活性（术语叫可塑性）。

"近些年来的众多惊奇发现之一是我们发现大脑有适应变化的系统，"位于新泽西的罗伯特伍德约翰逊医学院的艾拉·布莱克（Ira Black）说，"我们发现环境具有接近基因并在大脑内改变其活动的能力"[18]

可以肯定的是，遗传确实给大脑带来了一些影响，但认为经验必定以某种方式否定了大脑的基因链却是一个错误。事实上，正是大脑的基因链创造了这种依据经验而改变的能力。"基因是你灵活的原因，不能不考虑基因的因素，"神经系统科学家特伦斯·西里奥夫斯基（Terrence Sejnowski）和斯蒂文·库沃茨（Steven Quartz）在他们的书《说谎者，恋人和英雄》中写道。"你在这个世界上的经验常常深刻地改变着你大脑的构造、化学反应和基因表达，贯穿着你的一生。"[19]

因此许多专家赞成基因是重要的，基因的多样性可以影响不同种行为的倾向性。另一方面，基因也并不是像一些基因-能量独断家所主张的那样全能。即使是动物，也经常被描绘成纯粹的"基因机器"，通过应激反应程序响应刺激，实际上显现出大量的不能归因于基因多样化的行为的多样性。

很多年以前，我偶遇一项把此问题放在显而易见的角度的研究，在老鼠身上进行一个尤为简单的行为响应。多年来，科学家已经惹恼了老鼠，通过把它们的尾巴浸入到一杯热水中（代表温度：华氏 120 度，约为 48.89℃），来测试老鼠对疼痛的反应。当然，老鼠不喜欢尾巴被浸到热水中，你一把尾巴放进去，老鼠就会把它猛拉出来。

但并非所有老鼠的反应都相同——至少不是所有的老鼠都像其他一些老鼠一样迅速地搜出尾巴。实验发现，一些老鼠的平均反应为一秒或者更短；其他的可能要花上 3 秒或 4 秒。一些老鼠相对于其他老鼠来说，仅仅是对于疼痛更加敏感。显然环境的条件相同，实验试图推断出简单行为的差异反映老鼠基因的差异。验证这个问题很简单：既然实验是在具有不同应变基因的老鼠身上进行的，你所要做的全部就是比较做出不同应变反应的老鼠，观察其是否有一些基因轮廓与其他拉尾巴较慢（或者较快）的反应相符合。

事实上，位于蒙特利尔的麦吉尔大学的杰佛瑞·莫格尔（Jeffrey Mogil）和他在伊利诺伊州大学的合作者们已经做这种把老鼠的尾巴浸在热水里的实验超过 10 年了，已经积累了丰富的数据来进行这样的分析。并且，分析的确证实了基因差异的相关性。保持环境条件不变（例如水温应该精确到 49℃）一些具有平均基因应变能力的老鼠确实比其他老鼠拉尾巴快。

但是，通过进一步回顾，可以清楚看出，基因并不是唯一的影响因素，并且恒定的水温也不是唯一要考虑的环境因素。在回顾超过 8000 个被激怒了的老鼠的得分后，莫格尔的研究队伍发现了所有影响老鼠反应速度的因素。被实验的老鼠是被关在拥挤的笼子里呢，还是它们有活动的空间？它是第一只从笼子里跑出来的老鼠呢，还是第二只？那是发生在早上、下午还是晚上？有人记得测量湿度吗？此刻谁抓着老鼠？"一个甚至比老鼠基因型更重要的因素是进行测试的实验者，"莫格尔和他的合作者们在他们的论文中写道[20]。换句话说，基因还不如哪个研究员正在控制老鼠重要。

事实上，经过计算机的反复核对所有因素，我们发现其中基因差异这个因素在尾巴测试反应速度的多样化只占所有原因的 27%。环境影响在表现差异的原因中占 42%，19% 归因于环境和基因的相互影响（那只意味着某些条件影响一些遗传品系但不影响其他）。

莫格尔和他的合作者推断，实验室环境在老鼠的行为表现中起了很重要的作用，不是掩饰就是夸大了基因控制的影响。既然尾巴弹跳是一种如此简单的行为——主要是脊髓反射——说环境影响在那种情况下是侥幸成功是不太可能的。研究者们发现，更为复杂的行为甚至可能更易受到环境作用的影响。

类似这样的结果对我们的影响就像发现人们如何以不同方式进行经济博弈一样。基因、环境和文化的相互影响造就了老鼠和人类行为的多样性。人类种族为了在世界上生存，已经采用了一种具有变化的多样行为类型的混合战术。对于世界各地的文化不同，地球上布满了一种文化上的"混合战术"，而这种战术扎根于对行为如何进化的影响的混合，我们不应该感到惊讶。

第五节　混合的人性

所以，人性是什么呢？博弈论所能描述的人性又是什么呢？的确存在人性，但人性并不是像极端的进化心理学家所描述的那样单一的人性。它是一种混合的人性，在仔细考究下，这个特性在由博弈论主宰的世界里应该是很明显的。进化，归根结底是博弈论的终极实验，在这个实验里，回报就是生存。正如我们所见，进化博弈论不能预测哪种单一行为策略在博弈中获胜。它就像一个仅由鹰和鸽子组成的社会——处于一个不稳定的状态，与纳什均衡相去甚远。而博弈论的规则利用策略的多样性，促使不同物种的生物为了幸存和繁衍，尝试各种不同的行为。

透过博弈论的镜头，我们可以看出进化论在人类心理学的作用仍然重要，但它比持强硬路线的进化心理学家所认为的更加微妙。博弈论确保进化产生出物种的差异、行为的混合，而且在人类问题上，产生文化的多样性。

所以看起来，博弈论本身已经回答了为何它至少没有像它最初所阐述的那样起作用的问题。纳什最初的博弈数学的分析被解释得有点过于狭隘。单单就将其应用于经济学来讲，它预测的行为就经常与人类真实所为不一致，但那是因为数学是在一个假设和计算的抽象领域中起源并发挥作用。如今，通过在全世界使参与者融入其本身文化氛围进行博弈实验，科学家已经证明，被应用于经济学和行为学研究的纯数学方法能够被真实世界的因素所改进。

"我的目的是让数学家松开他们在博弈论的缰绳，不再仅用数学的思维来思考博弈……"卡麦勒告诉我。相反，他说，博弈可以看成是对"正在世界上发生的事进行 X 光拍摄。"[21]

从这个角度看，博弈论变得更有力了。它成为一个工具，一个用来诠释人类行为复杂性以及理解无数推进人类历史前进的交互作用的工具。这正是哈里·谢顿一直找寻的用来开创一门社会科学的东西。

当然，阿西莫夫有许多现实生活中的前辈，他们同样探求类似的社会科学。事实上，阿西莫夫所引证的统计物理学，作为心理史学的引导，将其受到的启示归功于应用统计学于人类的先驱者——尤其是由天文学家改行的社会学家：阿道夫·凯特勒（Adolphe Quetele）。

第七章

凯特勒的统计数据和麦克斯韦的分子理论
——数据与社会学，数据与物理学

乌合之众人多而智寡。

————英国谚语

不管现实中的人多么变幻莫测，他的行为总是浩瀚宇宙有序体系的一部分。

————亨利·汤马斯·巴克尔

半个多世纪前，当艾萨克·阿西莫夫创立科幻般的心理史学时，并没为细究数学如何起作用而劳神苦思，只简单地说可以像描述分子群那样描述人群。作为专业的化学家，阿西莫夫很清楚：尽管无人知道气体的各个原子的所作所为，但却可精确计算出气体在不同条件下的行为。因此，他认为一门足够先进的科学同样适用于人。

"心理史学研究的不是一个人，而是一群人。"阿西莫夫写道[1]，"是关于群体的科学，几十亿人的群体……任何已知的数学对个人行为都无能为力，但对于几十亿人来说却是另外一回事。"所以，当大家各行其是时，社会可能综合呈现出一种可用方程来描述的模式。心理史学可能不如气体法则那样准确，但那仅仅是因为气体分子远多于人。正如阿西莫夫的角色之一所解释的，"历史规律和物理规律同样绝对，如果说历史规律更易出错，那只是因为历史所研究的人不如物理所研究的原子多，所以，在历史中个体的影响更大。"[2]

尽管如此，在当时用数学来描述如社会般复杂的事物只是人们无法兑现的勃勃雄心而已，社会心理学仍然停留在科幻阶段。并且在 19 世纪中期，由于无法量化分子间无序的相互作用，人们对气体宏观特性只知其然而不知其所以然，数学对此似乎同样无能为力。可谁又能把握一群多不可数、渺不可测的分子间的相互作用呢？苏格兰物理学家詹姆斯·克拉克·麦克斯韦（James Clerk Maxwell）先出一招，用统计学对大量分子的平均状态进行数学描述。

计算平均状态可进行惊人的预测。尽管不能确知单个分子何去何从，但只要分子充分多，就可确知它们在特定条件下的状态。例如，由气体的温度可推知气体分子的平均速度，并可算出温度变化对气压的影响。类似的统计方法拓展开去，可以处理各种问题。例如，知道了各种物质的分子的平均能量，预测一个化学反应能否进行以及进行的程度；描述物质的电磁特性，或在应力下是断裂还是被拉伸。在阿西莫夫的心理史学中，社会的特征与气体的温度和压强、化学反应的消长、建筑横梁的断裂等变量类似。

虽然阿西莫夫的心理史学仍是科幻梦，但现在已出他所料地接近现实，因为麦克斯韦开创的统计方法已成为当今物理学家研究社会科学和人类行为最爱的数学利器。物理学家已把它用于分析经济、选举、交通流量、疾病扩散、意见传播，甚至在拥挤的剧院中，有人喊起火时，人们在惊慌中的逃生路径也可用它来分析。

话又说回来，这种想法并不新颖，也不是物理学家先登捷足。实际上，麦克斯韦是受到社会学家把数学用于社会的启发，才把统计学用于物理，构思了分子的统计学描述。因此，当统计物理学家庆贺他们为社会科学开道辟路时，应该驻足回首一下自己的过去。就像科学记者菲利普·鲍尔的评述，"统计物理学家试图揭示人类群体活动的规律的同时，也回归了他们的出发点。"[3]

事实上，把自然科学和数学应用于社会的努力非止一日，可追溯几个世纪。历史中所隐现的种种思想，回首看来，与博弈论的重点理论极为相似，这预示着在揭秘自然法则的过程中各领域终将同归于一。

第一节　统计学与社会

把社会科学化的想法远先于阿西莫夫。在某种意义上，古代关于人类行为的自然法则或自然密码的观念至少部分地展现了这种想法的雏形。近代，牛顿物理学的成功激发了亚当·斯密等人的努力（见第一章），又给了这种想法注以新的动力。甚至在牛顿之前，机械物理学的兴起就已启发了一些哲学家考虑用类似的精确方法来研究社会。

在中世纪，机械时钟的重要性使科学家认为宇宙可用机械论来描述。笛卡尔、伽利略和一些近代自然科学的先驱提倡机械、因果的宇宙观，最终带来牛顿在 1687 年的《自然哲学的数学原理》中建立经典物理体系。这样一来，就吸引了一些 17 世纪的思想家用机械主义研究社会和生活。其中一位就是托马斯·霍布斯（Thomas Hobbes），他在名作《利维坦》中描述了

（他认为）可使所有社会成员福利最大化的社会状态。作为大不列颠君主专治的支持者，他自然而然地得出君主专制的结论，认为应当把社会控制权交给拥有绝对权力的君主。否则，人类损人利己的本性得到放纵，生活将变得"污秽、粗野和贫乏"。

霍布斯在研究中先估算不同个体的交互偏好，然后计算出如何为每人达成最优。菲利普·鲍尔在一篇醒目的文章（发表于《物理 A》）中指出，霍布斯的研究方法比他有待商榷的结论更重要，稍作修改就会成为可使个体最优的纳什均衡。因此，霍布斯的《利维坦》可以视为用数学来解释社会的早期尝试，并且预示着诸如博弈论之类的理论将成为社会研究中的数学利器。

为了量化社会特征，统计学被发明出来，这时真正的数学才进入社会研究。威廉·佩蒂爵士的学生霍布斯是科学家和政治家，他提倡用定量的方法科学地研究社会。在 17 世纪 60 年代，他的朋友约翰·格朗特开始编制社会数据统计表（如死亡率统计表），并像今天的棒球迷研究击球率一样研究出生率与死亡率。一个世纪后的法国大革命前夕，人们认为既然天文学家可以揭示上苍的规律，那么社会数据也可以揭示社会规律。在此信念下，搜集社会统计资料变得普遍。鲍尔写道："很多人认为规律存在于社会就像牛顿的力学原理存在于行星运动一样。"[4]

当然，要使社会研究在牛顿模型下成为科学，仅搜集资料是不够的。牛顿把物理诠释成确定性的科学，铁打的运动规律决定一切。然而统计学不具确定性，只展现相当的可变性。人类的行为看起来多如幸运抽奖般偶然（如做游戏），在处理这所谓定量的幸运时，便产生了概率的数学分析。

概率的早期研究早于牛顿，始于 17 世纪中叶布莱斯·帕斯卡和皮埃尔·费马对在掷骰子和打牌中如何获胜的研究。不久，概率论的经济用途便起于保险公司，他们用统计表测算人们在特定年龄上的死亡风险，或火灾、沉船损坏受保财产的可能性。

18 世纪，随着测量误差理论的发展，概率在物理学（和其他自然科学）中更有施为，尤其在天文学中。具有讽刺意味的是，统计学的一个关键人物皮埃尔·西蒙（法国数学家拉普拉斯侯爵），却因力挺牛顿决定论而闻名。他宣称，如果有一种智能可以分析宇宙中所有物体周围的环境以及加于它们的力，那么借助牛顿定律，事无巨细皆可料定。"对这种智能来说，没有什么不确定，未来的一切像过去的历史一样尽收眼底。"[5]

然而，拉普拉斯清楚地知道，没有人的智力如此威力无穷。因此，只有用统计学来处理困扰着人类却又无法逃避的不确定性。拉普拉斯对概率和不确定性有着广泛的论述，特别是对不可避免的测量误差。

例如，假设要测量一颗夜空中可见的行星的位置，那么不论工具多先进，不可控因素都不能使测量毫发不爽，至少有分秒之差。但是这种随机误差并不会使你的测量完全不准确。虽然个别误差可能是随机的，但通过分析总体误差却可以揭示出一些行星位置坐标的真实信息。例如，测量时谨小慎微，出现大误差的可能性就小，谬之千里的可能性更微乎其微。

在把数学用于误差范围研究的数学家中，除拉普拉斯外还有德国数学家卡尔·弗里德里希·高斯。描述随机误差如何绕均值分布的钟形曲线（高斯分布）就是用他的名字命名的。[6]对于重复测量来说，曲线的顶点最接近真值，也即所有数据的平均值（假定误差是由随机的、不可控的因素引起的，而不是由测量工具本身所引起的），高斯曲线同样告诉你不同的测量数据偏离均值的可能性

当高斯凭高斯曲线而声名远播时，拉普拉斯却把高斯曲线用于对人的研究，并做出重要贡献。拉普拉斯和当时的很多人都认识到统计学与人类行为的关系，并把高斯曲线用于研究男女出生比。拉普拉斯的浓厚兴趣导致高斯曲线的潜在价值被广泛发掘。在发掘过程中，比利时数学家、天文学家阿道夫·凯特勒功不可没。

第二节　社会物理学

凯特勒，1796 年生于根特，尽管少有人知道他把数学用于今天为大部分美国人熟知又忌讳的领域，但的确是他发明了衡量肥胖的凯特勒指标，即体重指数，简称 BMI。可是与他把科学用于社会的远见相比，BMI 显得微不足道。

青少年时期的凯特勒曾涉足绘画、诗歌和歌剧，但是他却在数学方面有着特殊的天赋，并于 1819 年在根特大学获得数学博士学位。后来他在布鲁塞尔教授数学，并被推选到比利时科学院。在 18 世纪 20 年代，凯特勒的兴趣从数学延伸到物理，且于 1823 年到巴黎学习天文学，为在布鲁塞尔建立天文台做准备。

后来，凯特勒写了一些有关天文和物理的普及读物，被一般读者广泛传阅。他还经常向各阶层的人发表有关科学的公益演讲。熟知他的人高度地称赞他为良师益友，认为他不但和蔼、体贴、机智、谦虚，而且是一位奋抒己见的严谨的思想家。[7]

在巴黎期间，凯特勒不仅涉足天文，他还向拉普拉斯学习概率论，并结识了拉普拉斯的同事——泊松和傅立叶，他们和凯特勒一样对社会统计学爱不释手。随后，凯特勒意识到拉普拉斯用高斯曲线刻画社会特征的方法可广泛推广，于是开始就社会的统计学描述发表论文。1835 年他撰写了一篇详细阐述他所谓的社会物理学[8]（或社会力学）的论文，并引入"平均人"的概念来分析社会问题。他知道"平均人"并不存在，但通过对众人各方面的平均却能更深入地认识社会。"当把我的工作冠以社会物理学之名时，我别无他求，只求能像物理学联系起物质世界的现象一样把社会现象统一起来。"凯特勒评论道。[9]

凯特勒的关键论点是，人类无常的行为看起来复杂得不可琢磨，但当考察大量行为时却呈现出规律性。他写道："在特定社会状态下，特定的影响因素产生特定的效果。这些效果围绕固定的均值波动，不会大起大落。"[10]他相信，虽然历史趋势和历史事件显得混乱，但有关测量误差的统计规律却将从中找出可预测的范式。

凯特勒认为，一个政府要想在理解人性的基础上得到巩固，对"平均人"概念的理解是必要的。当然，没有固定的人性特征适用于一个人的所有方面，但是相比其他领域，在社会学中更易出现特定趋势，所以我们能够用统计方法建立一个抽象的"平均"，用来表示人类诸多特性的典型混合。

凯特勒以箭靶做比来表述他的观点。在箭手多次射击后，靶上的箭离靶心远近不等，但却呈现明显的分布模式。假设由于某种原因使得靶心模糊不清，即使没有箭正中靶心，却仍然可以通过箭的分布推断出靶心的位置。凯特勒指出，"如果箭足够多，就可以推断出靶心的真正位置。"[11]

在研究出生率和死亡率等社会变量时，凯特勒全力以赴地搜集数据，并分析这些数据如何随地点、季节甚至一天中不同时刻的变化而变化。他评估道德、政治和宗教对犯罪的影响，并分门别类。年复一年，各类犯罪报告稳定地使他吃惊。比如，在特定地点，不但各年谋杀案的数量相近甚至连作案手法也相近。

"社会上所谓的犯罪，"凯特勒写道，"年年重演，并在数量上几乎保持一致；通过进一步的研究，它们可被归入几乎相同的类别中；如果数量充分大，可以做进一步细分的话，仍能发现相同的规律。"[12]类似的，犯罪率的年龄分布也是固定的，21～25 年龄段的犯罪率最高。"犯罪甚至比死亡爱走常路。"凯特勒说道。[13]

同时，他警告我们，未经深思熟虑就对统计资料做出解释是危险的。例如有个研究者，在看到法国儿童入学率高的省份失窃率也高后，就得出教育导致犯罪的结论。这有点像今天谈话类广播中的推理，凯特勒对它进行了正确的批评。

凯特勒同样再三强调：统计方法不能得出用于特定个体的结论（今天的媒体哲学家所忽视的另一个明显的原则）。例如，保险公司的死亡率表不能预测任何个人的死亡。但无论个案和统计结果的冲突有多大，仍然不能否定统计结果的有效性。

凯特勒的社会统计学在科学家和哲学家中引起极大关注，其中很多人为他忽视人的自由意志而震惊。凯特勒回应道，他不是反对自由意志，而是认为由于受到法律和道德等环境条件的约束，人的选择有局限性。他注意到，即使最简单的决策也要受习惯、需求、人际关系和其他各方面因素的影响，自由意志完全被"动因论"所淹没。这就是为什么知道了影响某人决策的所有因素，通常就可预测他的行为的原因。

不管怎样，对凯特勒观点的论战使他的工作被广泛了解，这对科学有利。更何况其中一些评论被詹姆斯·克拉克·麦克斯韦看到，这又是物理学的幸运。

第三节　麦克斯韦和分子理论

麦克斯韦比其他人对物质世界更敏感，是百年一遇的天才。他始终留心复杂物理现象背后的原理，几乎对整个物理学都有很深的造诣。他精通电学和磁学，光学和热学，研究了牛顿物理学（万有引力和运动定律）之外几乎所有的主要领域，还发现了牛顿运动定律的一个致命缺点。牛顿定律对宏观物体（如炮弹、石块）屡试不爽，但对组成这些物体的微观分子呢？理论上牛顿定律依然适用，但实际上它没什么用，因为它根本无法描绘出单个分子的运动。既然不能描述局部的运动，又怎么能希冀预知整个物体的运动呢？

当一个铁球从比萨斜塔落下时，内部原子的运动并没有影响它下落的速度，但其他形式的物质不会这样自发地协作。举个例子，假设要了解蒸汽机中压力如何影响蒸汽温度，绝不可从计算单个水分子的运动做起。

对这个问题物理学家并不是束手无策，他们已设计了一些奏效的公式来描述气体的运动。但麦克斯韦却想知道这些公式是如何起作用的，气体又为什么会如此运动。如果可以用分子运动解释被观察物体的整体运动，那么不但会对这些现象有了更深的理解，而且为 19 世纪中叶某些派系对是否存在原子和分子的争论提供坚实的依据。

但是，这种认为分子的运动决定气体状态的观点并不新颖。早在 1738 年，我们的老朋友丹尼尔·伯努利就用分子台球模型简图来解释气体，并提出气体分子运动论。正如科学史学家斯蒂芬所说，伯努利的理论基于热仅是分子运动的宏观表现，这一（正确）观念与当时大多数物理学家认为的热是某种流动物质（热量）相比"超前了一个世纪"。[14] 直到 19 世纪 50 年代，在热力学（确立了正确的热理论）出现之际，分子运动论才成为物理学家研究的成熟课题。

德国物理学家鲁道夫·克劳修斯是主要的热力学先驱。在 1857 年的一篇论文中，他全面解释了热的分子运动本质。他描述了气压如何与分子对容器壁的撞击相关。任何分子都不停地被其他分子撞击，并通过运动反映出撞击对它的影响（如凯特勒所述，一个人的决策能反映出众多社会压力的影响）。克劳修斯在他的方法中强调了分子平均速度的重要性，并在 1858 的论文中引入了两次碰撞间分子的平均移动距离这一重要概念（称为平均自由程）。

1859 年，麦克斯韦开始研究分子运动，进一步探讨了气体分子的相互影响和由此而产生的速度。在研究方法中，他用到了凯特勒提出的统计学思想。

麦克斯韦可能从天文学家约翰·赫谢尔的文章里首次听说凯特勒（赫谢尔作为凯特勒的天文学同事，当然熟悉凯特勒）。后来，在 1857 年，麦克斯韦读了一本历史学家亨利·汤马斯·巴克尔的新书。巴克尔很明显地受凯特勒影响，相信科学可以发现"人类意识的规律"，并且认为人类的活动是"广袤宇宙的有序系统"的一部分。[15]（我在一个网页上看到巴克尔被称为十九世纪的哈里·谢顿。）

巴克尔，1821 年生于伦敦附近，是 19 世纪又一位求知若渴的人物，但他幼时并不十分聪明。他爸爸是海运商人，在他 18 岁那年去世了，留给他充足的钱来游览欧洲并学习他喜爱的历史和国际象棋。（巴克尔是一流的棋手，能流利地使用七种语言，并熟知十几门语言，也是收藏丰富的藏书家，藏书超过 20000 本。）

从 1842 年起，巴克尔便为一篇历史专著搜集资料和论据。他原打算将重点放在中世纪，但最后纳入了更广泛的目标，写成了《英国文明史》（巴克尔实际上是指文明时期的历史）。此书与其说是历史书倒更像是用科学方法研究人类行为的社会学尝试。他批评了解决社会问题的"形而上学"（哲学）方法，主张用历史方法（实际是科学方法）取而代之。

巴克尔写道："形而上学方法……出自一辙，它基于研究者对自己思维的研究，这与历史方法背道而驰。形而上学者研究一个人的思维，而历史学家研究一群人的思维。"[16]巴克尔不得不批评形而上学方法"在任何知识领域都毫无作为"。之后，他强调，要揭示"扰动"掩盖下的规律需大量案例，认为"只有研究大量案例才能消除'扰动'，规律也就清晰可见，那么我们见到的一切就可通过这些消除'扰动'的现象来断定。"[17]

巴克尔的大部分理念响应了凯特勒，包括对自由意志论的抨击。他认为：偶尔有人的决策看起来是自由的，甚至是令人惊讶的，那是因为你不了解他的处境。"如果我能够正确推理，同时对他的处境了如指掌，我就能预测由这些处境引发的一系列行为。"[18]回顾巴克尔的话，非常像出自今天博弈论者之口。博弈论也的确是教我们在掌握了影响决策的所有信息后，（或应当）如何决策。

巴克尔意识到，我们的决策不仅受外因影响，而且受内在思考方式的影响。既然所有影响都有不能被科学所把握的细微之处，那么人的行为特征就必须用统计学来描述。巴克尔写道："历史的变迁，人类的兴衰，进步与倒退，喜与悲，都是双重作用的结果。一种是外部现象加于意志的作用，一种是意志加于外部现象的作用。对人类行为最全面的推论基于（或类似地源于）统计数据的数学描述。"[19]

虽然气体复杂得难以描述，但是不难想像，麦克斯韦读了上面的话后从中找出解决方法。也许巴克尔的书有些"自大"，麦克斯韦却仍然承认它是创意之源，并且用巴克尔的统计推理来处理分子运动正是麦克斯韦所需要的。麦克斯韦后来写道："最小的实验材料也包含了数百万的分子，因此，我们不能确定每个分子真实的运动情况，被迫……采用统计方法来处理这些分子。"[20]他认为统计方法确实能揭示出分子行为的"一致性"。"这种一致性与拉普拉斯所解释的以及巴克尔试图解释的一致性并无差别。"麦克斯韦说。[21]

要使麦克斯韦关于气体分子特征的论述有意义，并不要求气体分子如克劳修斯所猜测的那样都以平均速度运动，但只要求多数在平均速度附近，一些或快或慢，少数非常快或非常慢即可。在碰撞中，一些分子的速度变快，一些分子的速度变慢，一个高速分子不是被加速，就是被减速。少有分子能一路顺风（或一路荆棘），从而使速度变得极快（或极慢），大部分的分子在一系列碰撞之后趋于试验箱中所有分子的平均速度。

就像凯特勒"平均人"的虚构概念一样，对社会的深入了解也来自对社会特征在均值附近分布的分析，理解气体也同样要计算分子速度的范围以及在均值附近的分布。麦克斯韦算出的分布符合高斯曲线。

19世纪60年代，麦克斯韦改进了他的想法，认为当速度达到高斯分布时，就会稳定在这一状态（奥地利物理学家鲁德维格·玻尔兹曼进一步阐述并巩固了麦克斯韦的结论）。单个分子的速度可能变化，但这会通过其他分子速度的改变得到抵消。因此从整体上来看，分子速率的范围和分布将保持不变。当气体分子间的碰撞不再引起整体分布的变化时，气体所处的状态就是平衡状态。

当然，这种平衡和博弈论中纳什均衡非常类似，而且不仅仅是词意上的类似。在纳什均衡中，参与者的策略达到了稳定的效用，没有任何激励使其改变策略。如典型的纳什均衡是策略分布的平衡一样，气体平衡是分子速率分布的平衡。

第四节　概　率　分　布

纳什的混合策略和麦克斯韦的混合分子模型都是数学家所谓的概率分布。这个概念对博弈论如此重要，值得我们毫不手软地把它敲进脑袋中（可能用一个银锤）。下面考虑麦克斯韦的问题：气体分子如何分配气体的总能量？一种可能如克劳修斯的猜想，所有分子的速度都接近平均值；一种可能是速度差别很大，一些分子优哉游哉，一些极速飞奔而过。显然，可能的速度组合很多，并且所有组合在理论上都可能，只是可能性大小不同而已。

举一个更简单的例子，假设抛10次硬币，记录出现正面的次数，结果会如何？由于出现正反面的概率相等，可以很容易地算出概率分布（严格来说，因为只有两种等概率事件，并且所有概率的和必须为1-1代表事件发生的概率为100%，所以每次出现正面的概率都是0.5，或者说一半）。因此，在大量实验后，每次实验出现正面的平均次数是5（如果硬币均匀）。但是有很多可能的组合符合此均值。比如，全部正面和全部反面的实验各占一半，或每次实验正反面各占一半。

实际上，每次实验中正面可出现各种可能的次数，只是概率不同：出现5次正面的概率为25%，4次（或6次）的为20%，3次（或7次）的为12%，1次的为1%（不出现的概率为0.1%，即千分之一）。也就是说，不会出现单一的平均结果，而会出现各种结果的概率分布。麦克斯韦察觉到了大量分子间的能量分配可能遵循同样的概率分布。博弈论的成功之处在于证明了纯策略的概率分布（混合策略）能够使效应最大化（或损失最小化），特别当你的对手是理性的时候（意味着他们也采取混合策略）。

设想你在重复玩猜硬币之类的简单游戏，在游戏中你去猜对手的硬币是正还是反。你的最佳混合策略是一半选择正（另外一半选择反），但是仅仅达到50-50的平衡还不够。你的选择应该是随机的，这样才能反映出等可能性策略的概率分布。如果你只是交替地选择正或反，对手很快就会发现你的选择模式并加以利用，那么对开两种选择也就毫无益处。如果你完全随机地选择，那就要另当别论了，比如说在10次选择中，选择9次正面的概率为1%。

在一本科林·卡麦勒有关行为博弈论的书中，他把该原理应用到存在着类似50-50的网球比赛中：是打对手的左边还是右边。为了让对手无法预知，打左边还是右边应当是随机的。业余选手在左与右之间交替的往往过于频繁，不能达到适当的概率分布，而职业选手却更接近理想的分布。这暗示博弈论确实能够赢得最优行为，并且人类确实有学习使用博弈理论来理性地做决策的能力

同时我认为，博弈论在定量人类行为中的应用前景和这种学习能力相关。在很多情况下，随着时间的流逝，人们确实能学会如何决策才可达到纳什均衡。虽然在学习过程中要处理很多细微变化和复杂因素，但至少我们看到了希望。

第五节　统计学重返社会

当然，真实情境，文明的兴起，文化、社会的发展比掷硬币、打网球复杂得多，就连非生物界也同样如此。在大部分物理学和化学领域中，未知现象很少只包含两种等可能情况，所以计算这种概率分布远比掷硬币复杂得多。先是麦克斯韦，然后是波尔兹曼，再是美国物理学家 J. 威拉德·吉布斯，他们花费了大量精力，发明了更精确的公式，就是今天的统计力学，有时简单地称为统计物理学。统计力学的用途远远超出了气体，包括在各种环境下各种状态的物质的行为。它还被用来描述电和磁的相互作用、化学反应、相变（例如溶化、沸腾、凝固）以及其他所有的物质和能量转化方式。

统计力学在物理学上的成功使许多物理学家信心倍增，认为它在研究人

际关系时也能取得同样的成功。如今，一大批科学家正在探索物理新领域，这种研究便成为他们最喜爱的消遣方式。从股票市场中资金的流动到州际高速公路上的车流，一切的一切都已经是统计物理学的研究课题。

　　用统计物理学去描述社会并不是一个全新的尝试。但是，直到 20 世纪最后的几年，对这个领域的研究才有爆炸式的增长。随着 21 世纪的到来，这种趋势变成一种潮流。在这种潮流背后，迸发了人们对复杂网络数学的新思考。在统计物理学描述网络结构的同时，也把一个名不见经传的数学分支——图论推向了社会物理学的最前沿。它的产生源自一场游戏，游戏中的明星是凯文·培根。

第八章

培根的链接——网络、社会与博弈

与亚原子的粒子物理学或是宇宙的大尺度结构物理学不同，网络科学是现实世界的科学——一个关于人类、友谊、谣言、疾病、时尚、各类公司和金融危机的世界。

——邓肯·瓦茨，《六度空间》

现代科学的发展从一个叫培根的人身上获益匪浅。

如果你在4个世纪前这样说，那么你指的应该是弗朗西斯·培根，那位强调实验方法在研究自然事物中重要性的英国哲学家。培根的影响如此之大，以致现代科学的诞生有时被称为培根式的革命。

然而，现今再以同样的口气谈及培根和科学时，很可能你指的不是弗朗西斯·培根而是凯文·培根，一位好莱坞演员。有些观察家甚至会说第二次培根式的革命正在到来。

毕竟，现在每个人都知道凯文·培根是电影界联系最广的演员。他演过太多的电影以至于你可以把任何两个演员通过他出演过的电影联系起来。例如约翰·贝鲁什和黛米·摩尔可以通过培根的角色联系起来，前者和培根共同出演过《动物屋》，后者和培根联袂出演过《义海雄风》。从来没和培根对过戏的演员可以间接联系到一起：佩勒洛普·克鲁斯没有和培根演过戏，但是她和汤姆·克鲁斯演过《香草天空》，而汤姆·克鲁斯则和培根一起演过《义海雄风》。到2005年中期时，培根已经和几乎2000名其他演员共同演过电影了，他可以在六步之内和一个1892年以来的演员数据库内99.9%的人联系到一起。在这点上培根声名远扬，颇具传奇色彩，他甚至因此获得了一个在"超级碗"职业橄榄球冠军联赛期间播出的电视广告中担当主角的机会。

培根的名声推动了一门数学分支——图论的复兴——通俗地讲就是网络的数学。培根在演员网络中的角色促使数学家们去发现所有可以用统计物理学描述的网络所具有的新特性。特别地，现代培根式科学让统计物理学家们把注意力转向了社会网络，提供了一种研究人类集体行为的新方法。

实际上，这种新型的网络数学已经开始为研究人类社会交互的科学描绘一张蓝图，一部"自然法典"。然而至今为止，用来量化社会网络的统计物理学方法大多都没有注意到博弈论的作用，虽然很多研究者相信这两者之间存在着或者将会产生某种联系。因为博弈论不仅是用来分析个体行为的数学，正如你想起来的——博弈论也可以使得那些形成复杂网络的规则失效。凯文·培根网络游戏最终可能发展成为网络科学和博弈论的交叉学科。

第一节 六 度 空 间

在 20 世纪 90 年代初期，凯文·培根在热门影片中的频频出镜引起了一群宾夕法尼亚大学学生的注意。他们发明了一种聚会游戏，在这种游戏中玩家要找到通过电影能形成的最短路径将培根和其他一些演员联系起来。这个游戏在 1994 年的一个电视脱口秀节目中播出时被几个聪明的弗吉尼亚大学计算机系学生看到了。他们很快便开始了一个研究项目，建造了一个可以实时计算某个演员和培根的联系有多近的网页（你可以到 oracleofbacon. org 试试看）。1952 个演员直接和培根在某部电影中共同出镜，他们的"培根数"计为 1。另有 169274 人可以通过一个中间演员和培根联系到一起，他们的培根数计为 2。超过 470000 的演员培根数为 3。平均起来，培根可以在 2.95 步之内和电影数据库内的 770269 个演员联系在一起[1]。在数据库的这 770269 人中，770187 个人（几乎 99.99%）是在六步以内和培根联系到一起的——换句话说，几乎所有的演员和培根的距离都在六度空间之内。

对凯文·培根游戏的研究好像验证了社会心理学家斯坦利·米尔格兰姆做过的一个著名的邮寄实验，那是一个来自 20 世纪 60 年代的久远的社会学发现。实验者要求一些来自内布拉斯加州的人们将一个包裹寄给一个认识的人，并由这个人转寄给另一个熟人，如此反复，最终目的是将包裹寄到一个波士顿股票经纪人手里。平均起来，五次多转寄后，包裹就到了那个股票经纪人手里，这说明了这样一个观点，任何两个人通过熟人都可以在"六度分离"之内被联系起来。这个观点在 20 世纪 90 年代初期因为一部约翰·格尔的同名剧本（后来拍成了电影）受到了相当的关注。

从科学的角度而言，培根游戏和格尔剧本的出现是推动网络研究发展的一个契机。六度空间的概念让人们认识到网络是一种值得研究的事物，只是当功能强大、使用方便的电脑成为科学家们研究网络的工具时，发生了这样的情况，电脑自身形成了一个全球化的网络——因特网。

第二节 网络就在我们身边

在我小时候，"网络"意味着国家广播公司、美国广播公司，或是哥伦比亚广播公司。后来又发展起了包括美国公共广播公司、美国有线电视网络和 ESPN 体育卫星电视在内的一些媒体，但是网络的基本概念始终没有改变。然而当全世界的文化焦点从电视转到电脑时，网络的概念大大超越了它的起源。现今的网络看起来无处不在，所有的事物也都可以看作网络。网络渗入了政府、环境和经济。社会依靠能源网络、通讯网络和交通网络。商业促成了买者和卖者的网络、生产者和消费者的网络甚至内幕交易者的网络。你可以在政界、工业界和学术界找到由圈中人组成的网络。地图集描述了河流和公路的网络。食物链已经成为了食物网，网络的另一种形式。人体包含器官、血管、肌肉和神经组成的网络。网络就是我们自身。

然而在所有这些网络中，最突出的还要数因特网和万维网（那实际上是两种网络；因特网是由计算机和路由器组成的实体网络，而万维网在技术上是指软件方面，包含了通过 URL 超链接相连的"网页"上的信息）。在 20世纪 90 年代初，对因特网和万维网的认知在人群中迅速普及，使得几乎每个人都和某种真实生动的活动网络联系在一起。各种职业的人们开始用网络的概念来看待他们的世界。是的，"网络"这个词已经有了非正式的使用，例如指成群的朋友或是商业伙伴。但是 20 世纪行将结束时，网络的概念变得越来越精确并被应用到生物、技术和社会研究领域内的各类系统。

网络启发整个科学界诞生了一种用来评估一些最复杂的社会问题的新视角。理解网络如何发展和进化，生存或衰亡，可以帮助防止电子邮件崩溃，提高移动电话覆盖率，甚至为治疗癌症提供线索。探索控制网络的规律可以为如何保护，或者说，处理包括电网、生态系统乃至网站和恐怖组织的问题提供关键线索。专攻网络数学的物理学家们已经渗透到包括计算机系统、国际贸易、蛋白质化学、航班路线和疾病传播等学科的研究中。

然而用数学来研究网络并不是全新的尝试。事实上网络数学至少可以追溯到 18 世纪，瑞士数学家莱昂哈德·欧拉对东普鲁士七桥问题的分析智慧地开启了这一领域。在 20 世纪中叶，鲍尔·爱迪斯和阿尔弗雷德·瑞尼发展了用来描述网络的最抽象的表示法——在纸上用线连接基本的点。这些点被称为节点（或者有时叫顶点）；这些线正式的叫法是边线，但更一般的叫法是连线。这种点和边的构图在技术上被称作图，所以传统网络数学被称作图论。[2]

一幅图里的点和边几乎可以代表现实生活中的任何事物。节点可能是各种各样的物体或实体，例如人、公司、计算机，或者国家；连线可以是机器间的电线、联系人们的友谊、联系电影演员的共同出镜经历，或者其他任何共同的性质或经历。当然，人们属于很多不同的网络，例如家庭网络、朋友网络、同事网络。共享投资、拥有共同政治观点或者共同性伴侣的人们都会构成网络。

然而传统的图论数学不能很好地描述这些网络。图论中的点和线和现实网络的相似程度只是跟记分牌和棒球比赛的相似程度差不多。记分牌的确记录了所有的队员和他们的位置，但是你看了记分牌也无法想象棒球比赛到底是什么样子。图论也是如此。标准的图论数学通过随机相连的节点描述固定的网络，然而在现实世界中，网络通常在发展，增加新部分和新连接，也可能失去一些部分或连接——这并不总是随机的。在随机网络中，每个节点都是对等的，很少有节点拥有比平均数量更多或更少的连接。但是在很多现实世界网络中，有些节点拥有异常多的连线数量（例如在性伴侣的网络中，有些人有着比平均数更多的"连线"——一个对理解艾滋病病毒传播很重要的论点）。而且现实网络形成聚合，例如好朋友之间的小圈子。

爱迪斯和瑞尼很清楚他们的点和线不能把握现实世界网络的复杂事物。但作为数学家，他们不关心现实——他们开发数学模型以助于理解随机连接的数学性质。描述随机连接在数学上是可行的，但无法用此来描述现实世界中所有的复杂事物。没人知道如何着手去那样做。

但是一篇发表在英国期刊《自然》上的论文开始改变了这种情况。回顾一下，网络的狂热可以追溯到 1998 年 6 月 4 日，邓肯·瓦茨和史蒂夫·斯托加茨发表了一篇名为《"小世界"网络的集体动力学》的简短文章（在《自然》期刊上仅仅占了两页半）[3]。

第三节　网络狂热

几年之后，当我在一次计算复杂性会议上遇到斯托加茨时，我问他为什么网络成为了 20 世纪 90 年代后期最热门的数学话题。"我想最早是因为我们的论文，"他说，"如果你问我这到底是什么时候开始的，我想是从 1998 年我们那篇研究小世界网络问题的论文出现在《自然》期刊上时开始的。"

我又试探着问了斯托加茨那篇论文的由来。那其实是一个厚积薄发推动科学进步的实例。

"瓦茨和我大约在 1995 年开始了我们的研究，那时我们很关注凯文·培根的事情，我们也听说过六度分离，那部电影正是出自那剧本。"斯托加茨说，"当时那个正流行。"[4]

当然，凯文·培根并不是完全靠他自己使科学发生了变革。由于万维网的出现，公众知道了因特网，培根的游戏正是这时变得出名。

"我认为是万维网让我们去思考网络。"斯托加茨说。万维网不仅是一种巨型而精细的网络的典型代表，它也使得很多其他的网络变得可以被研究。网络爬虫程序和搜索引擎使得测定万维网自身的各种联系成为可能，当然万维网也使得为其他大型网络编制目录并存储以方便访问成为可能（电影演员的数据库是一个最好的例子）。相似地，线虫体内代谢反应和果蝇基因交互作用的数据也可以被收集和传送。

"大型数据库出现之后，研究者们就开始利用它们，"斯托加茨评论道，"人们开始把事物当作网络来考虑。"他说在那之前甚至很多真实的网络都不被当成网络来看待——电力网络被认为是电路栅格，你也可能听过电话"系统"这种说法用来指电话网络。"我们觉得它们不那么像网络，"斯托加茨说，"我不认为在一个个连接间移动会让我们产生身处于网络的感觉。"

有了万维网情况就不一样了。你几乎不可能把万维网当作一个整体来考虑。你得一个一个链接去浏览。万维网涉及了科学的所有领域，将有各种网络观念的专家联系在一起。"在很多不同的学科中，"斯托加茨评论道，"我们称之为网络思维的那种思维开始生根。"

尽管如此，网络数学的革命直到 1998 年瓦茨和斯托加茨的论文出现之后才开始。他们说明了如何建立一种"小世界"网络的模型，在那种模型里平均只需很少几步就可以从网络中的一个节点到另外任何一个节点。他们的模型引起了人们的惊奇并引发了媒体铺天盖地的报道和之后的网络狂热。但斯托加茨认为某些惊奇是源于将他们的模型误读为网络数学的振兴。例如有些专家会说瓦茨和斯托加茨论文的主要影响是在于识别出了某些特殊真实世界网络所具有的小世界性质。其他人提出连接的"聚合"（少数节点组具有比随机数量更多的连接数）是他们的主要发现。"对我来说这是一种对我们论文重要性的误读，"斯托加茨说，"我认为它流行起来的原因是我们首次比较了不同领域的网络而且发现存在着跨领域的相似属性。"

换句话说，虽然网络种类多样，但它们的很多共同特征可以用一种精确的数学方法来描述。这些共同的特征使得人们希望网络数学不只是对一种又一种网络进行冗繁的连接整理工作。相反的，它使人们看到网络存在着一般规律，可以帮助人们精确预测不同种类网络如何发展、进化和运转——例如细胞中蛋白质组成的化学网络，例如大脑中神经元构成的神经网络，或者例如电影中的演员和经济学中股票交易商形成的社会网络。

第四节 小 世 界

不同网络的一种基本共同特征是它们中的很多都呈现出了小世界性质。例如当一个网络的节点是人时，小世界就是这种网络的规则。因此找到主宰小世界网络的规则可能是预测社会未来的关键。

瓦茨和斯托加茨通过集中研究介于完全规则网络和完全随机网络之间的中间型网络揭示了某些网络的小世界性质。在规则网络（通常叫做规则点阵）中，节点仅仅和它们直接相邻的节点连接。举个最简单的例子，考虑排成圆周的一系列节点。这些圆点所代表的节点通过代表圆周的线和它们两侧紧挨的节点联系在一起。

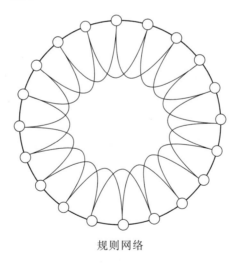

规则网络

对一个更精细（但依然规则）的网络，你可以把相隔一个节点的两个节点也连接起来。每个节点就和 4 个其他节点相连了——两侧各两个邻近节点。

在随机网络中，则是另一种情况，有些节点可能和其他很多节点连接，有些节点则可能只和一个点连接。有些节点可能只和邻近的节点相连；有些可能和圆周另一侧的节点相连；有些可能既和邻近节点又和远处节点相连。这种网络可能看起来很混乱。这就是随机的意思。

在随机网络中，由于随机的长距离连接形成了横跨圆周的连接，通常很容易就可以找到从一个节点到任一个节点相对较短的路径。可是在规则网络中通行就没那么容易。要从圆周的一侧到另外一侧，必须通过邻近的点环绕很长的路径。

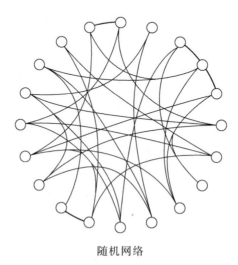

随机网络

但是瓦茨和斯托加茨设想，在"中间"网络——既不是完全规则也不是完全随机的网络中会发生什么情况呢？换句话说，假设你在规则网络上随机添加几条连线。事实证明即使只是增加很少比例的连接也会带来和远处节点之间的捷径，这种新的中间网络就形成了小世界（就是说，你可以在很少几步之内到达网络的任一点）。但是这种中间网络保持了规则网络的一个重要特征——它的邻近节点仍然有着比平均数更多的连接（就是说，它们存在着"聚合"），而不是像随机网络，其中几乎不会出现聚合现象。

在数学上能描绘出兼具随机和规则网络性质的图是件不错的事，即便它并不显得那么重要。但是你只需很少捷径就可以使网络成为小世界的事实说明小世界网络可能是自然界的共性。瓦茨和斯托加茨在 3 个真实的事例中测试了这种可能性：和凯文·培根共戏的电影演员网络、美国西部的电网和微小的线虫的神经细胞网络。[5] 在所有这 3 个例子中，正如假想的介于规则网络和随机网络中间的网络模型一样，这些网络都呈现出了小世界性质。

因此，瓦茨和斯托加茨推断，"小世界现象不只是社会网络的特例或是

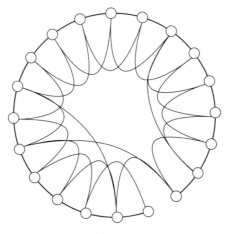

中间（小世界）网络

人造的理想模型——它可能普遍存在于自然界中的各种大型、稀疏网络中。"[6]

　　如果是这样的话（事实也的确如此），瓦茨和斯托加茨开辟了一处新领域供数学家和物理学家来探索，在那里所有的重要网络都可以用一套共通的工具来分析。和统计物理学家分析无序气体分子复杂性的方法一样，数学家可以用类似的数学来计算一个网络的定义特征。和所有的气体一样，无论它们包括何种分子，都遵守同样的气体定律，很多网络也遵守类似的数学规律。"每个人都会问，这些完全不同的网络却拥有共同的性质，这是多么不寻常的事情——你是怎么想到的呢？"斯托加茨说。

　　某几个网络特征可以用类似气体的温度和压强那样的参数来量化，科学家称其为描述性系统变量。任意两个节点之间的平均步数——路径长度——就是这样一个参数。另一个是"聚合系数"——指的是如果两个点都和第三个相连接时，这两点直接相连接的可能性。相对较高的聚合比例是小世界网络违反直觉的特征之一。小世界网络的短路径长度和随机网络比较相似。另一方面，小世界网络的高聚合系数则和随机网络完全不同，反而更接近规则网络。

　　这种聚合性质（你可以称其为"小集团"的尺寸）在社会网络中尤其值得关注。例如我的妹妹有两个朋友分别叫做黛碧和珍妮特，那么黛碧和珍妮特相互认识的可能会比平均水平更高（她们的确认识）。"存在着一种构成三角形的趋势，这是你在随机网络中看不到的。"斯托加茨指出。

　　除了聚合系数和路径长度之外，另一个关键的数字是将一个节点和其他节点连接起来的平均连线数量，称为级度系数（节点的"级度"是该节点连接的其他节点数量）。作为演员网络中的一个节点，凯文·培根和很多其他节点连接在一起，他的级度排得很高。毕竟，和其他节点的充分连接是使得培根和其他演员间平均路径长度如此短的原因。但是一个令人震惊的研究结果表明培根远不是连接最多的演员。以连接其他演员的平均步数作为标准的话，他甚至没有排进前 1000！

事实证明，培根对网络的真正重要性并非源于他的特殊性，而是他的典型性。很多像培根一样的演员，作为"枢纽"将很多其他演员联系在一起。这些枢纽的存在被证明是很多现实世界网络的一个重要的共同特征。

第五节　无标度的幂

到 2004 年中期为止，在"连接最多"的排名表（根据和其他所有演员连接起来用的平均步数）上居首的演员是罗德·斯泰格尔，2.679 步。培根以 2.95 步排在第 1049 位（但是，培根仍然比 99% 的演员都有更多的连接，能担任起一个重要的枢纽）。第二位是克里斯托弗·李（2.684 步），丹尼斯·霍珀紧随其后（2.698 步）。唐纳德·萨瑟兰排在第四。在女性中连接最多的是卡伦·布莱克，排在第 21 位。

正是这些高度连接的演员，或者说枢纽，使得只需几步就能从一个演员到其他任何演员变得容易。随机选取两个演员，你可能可以在三步之内把他们连接起来。需要超过四步的情况会很少见。如果你不断搜索，会找到一些需要更多步数的人，但那可能只是你故意选择很难连接的演员，就像某些只演过一部电影的人（并且记住，我说过你要随机选取两个演员）。

举个例子，我随便想两个人，巴兹尔·拉思伯恩（因为我昨晚看了一部歇洛克·福尔摩斯的电影）和林赛·罗韩（没有原因——我不打算说我看过《金龟车贺比》）。这两个演员来自完全不同的时代，罗韩才出道，出演过相对较少的电影。但你只用三步就能把他们连起来。老迈的拉思伯恩和前逍遥骑士丹尼斯·霍珀共同出演过《吸血女皇》（1966）。霍珀和布鲁斯·麦克菲演过《黑帮二代》，后者和罗韩演过《青春舞会皇后》（2004）。拉思伯恩和罗韩之间的捷径是通过霍珀提供的枢纽促成的，事实上霍珀比培根连接的演员要多很多。[7]（霍珀直接和其他 3503 个演员相连，比培根多大约 1500 个。）

像霍珀这样的枢纽使得演员网络成为了小世界。他们使得从一个节点到另一个节点变得容易，就像芝加哥奥黑尔机场或者达拉斯-沃斯堡机场这种将航空网络中更小的机场联系起来的重要航空枢纽那样，让你从一个城市到另一个城市不用转机太多次。

可是，在随机网络或者规则网络中一般都不存在这样的枢纽。在规则网络中，每个节点都有同样数目的连线，所以没有枢纽。在随机网络中存在捷径，但可能很难找到枢纽，因为突出的枢纽会非常稀少。在随机网络中，任意一个节点（演员或机场）被连接的可能和其他所有节点都一样，因此大多数点被连接的程度相当。只有很少的节点会有比平均数多很多或者少很多的连接。如果演员是随机连接的，他们按连接数量的排名会呈正态分布，大多数人的数量和中值接近。但是在很多小世界网络中，连接数量不存在这样的"典型标度"。

这种没有典型标度的分布被称为"无标度"。在无标度网络中，很多偏僻的节点几乎根本没有任何连接，一些节点被适度连接着，而少量点则是超级连接枢纽。对数学家和物理学家来说，这样的无标度分布是"幂定律"的可信特征。

圣母大学的雷卡·亚伯特（Réka Albert）和巴拉巴西（Albert-László Barabási）1999 年在《科学》期刊上发表的开创性文章中指明了很多种网络的无标度性质，由此也指明了用幂定律描述这些网络的有效性。网络可以用幂定律来描述的发现在物理学家中引起了共鸣（他们对幂定律"垂涎三尺"，斯托加茨说——显然是因为物理学其他领域幂定律的发现已赢得了若干诺贝尔奖）。

幂定律描述了包含很少大事物和很多小事物的系统，例如城市。有少量人口以百万计的美国城市，很多人口在十万和百万间的中型城市和更多小城镇。地震也是一样，有很多小型地震弱得都感觉不到，较少的中型地震能让碗碟颤动；极少数的破坏性大地震会使桥梁和建筑坍塌。

巴拉巴西和亚伯特在他们的《科学》期刊论文中说明了无标度网络中的一个节点以某个特定连接数和其他节点相连接的概率，如何随着这个特定连接数的增大而降低。也就是说，无标度网络拥有很多弱连接的节点、较少中度连接的节点和少数的巨型节点——像万维网上的谷歌、雅虎和亚马逊。有很少连接的节点很普遍，像小型地震；有大量连接的节点也相应地稀少，像大地震。而且这种连接概率降低的速率可以用幂定律来量化，就像描述城市或地震规模分布的数学一样。换言之，一个好的网络理论不仅要解释凯文·培根（或者丹尼斯·霍珀）如何拥有那样多的连接，而且要解释为什么网络和地震近似。

巴拉巴西和亚伯特提出的解释基于这样一种认识：网络一般不是由拥有固定连接数的节点形成的静态排列，而是在发展和进化的结构。巴拉巴西和亚伯特猜测，当网络通过增加新节点发展时，新连接不是随机形成的。每个新节点倾向于连接那些已经有很多连接的节点。换句话说，富者更富，这种发展过程的结果就是形成拥有丰富枢纽的无标度网络。这个过程的动力学表明"大型网络的发展是由超越个体系统细节的稳固的自组织现象支配的"，巴拉巴西和亚伯特指出。[8]

虽然他们的"优先连接"模式确实预测了枢纽的形成，但没有解释包括聚合在内的很多现实世界网络的其他特征。而且事实证明不是所有的小世界网络都是无标度的。例如巴拉巴西和亚伯特的原作中提出瓦茨和斯托加茨探索的网络既无标度又是小世界。但它们不是。输电线路是小世界但不是无标度，线虫的神经网络也不是，斯托加茨说。尽管如此有很多网络实例既是小世界又无标度，万维网就是个引人注目的例子。社会网络也很典型地既是小世界又无标度，因此按照幂定律理解网络对利用网络研究人类交互来说是个很好的策略。

在巴拉巴西和亚伯特对网络发展进行量化的创举之后，很多其他团队加入了鉴别网络所有重要性质以及建立数学模型来解释它们的探索。在转向这个问题研究的组织中就有微软公司，他们显然对因特网和万维网非常感兴趣。因此他们的顶级科学家们忙于钻研网络数学。这个团队的领导者是一对夫妻搭档，珍妮弗·图尔·恰耶斯和她的丈夫兼同事克里斯蒂安·波格斯。当我访问西雅图外的微软研究实验室时，他们向我展示了为了把握万维网结构的精华，他们为鉴别网络数学所需特征所进行的努力。

"因特网和互联网是自己成长起来的，它们不是被策划的，"恰耶斯指出，"没有人真正规划过因特网，当然也没有人规划过万维网的结构。"因此万维网蕴含了一个优秀数学模型需要把握的很多自然网络的细节，例如小世界性质（从一个网页到任意一个网页只需相对很少几步）和聚合现象（如果一个网页连接了10个其他网页，那10个网页里面的很多网页也很有可能会相互连接）。一个更重要的特征是巴拉巴西指出的优先连接，它调控了网络的成长或退化。当网络成长，有新网页添加进来时，资历较老的网页比新来者趋于获得更多的连接。但资历最老的网页并不总是连接最多的。"这不只是退化的过程。"恰耶斯解释道。例如埃尔塔·维斯塔（AltaVista）曾经是网络搜索引擎界的"卡迪拉克"。但是现在更年轻的谷歌有着更多的连接。

因此网站不但要通过资历来获得连接，同样需要美貌——或者说"健康"。

"埃尔塔·维斯塔存在的时间更久，但更多的人倾向于连接到谷歌——某种意义上更好的网页，"恰耶斯说，"当其他所有的条件对等时，资历老的网站会有更多的平均连接数，但如果一个网站比别的更健康，就会弥补资历的不足……如果我有两倍的健康和一半的资历，我将趋向于拥有同样数量的连接。"[9]

万维网的另一个和很多（但不是所有）网络共享的重要特征是它的连接是"定向的"。和因特网的线路向两个方向运行不同，网页超链接只向一个方向前进。"我连接到美国有线新闻网，并不意味着美国有线新闻网也连接到我，"恰耶斯说。（当然，尽管事实应该如此。）

优秀的网络数学自然也需要说明万维网是无标度的。少数站点有大量的连接，更多的有着中等数量的连接，大多数几乎没什么连接。恰耶斯和波格斯强调描述万维网的方程应该不只是预测这种连接的分布，也应预测到网页"强连通分支"（strongly connected component，SSC）的存在。在强连通分支中，你可以通过每次点击一个超链接从任一网页跳转到另一网页。如果一个人的网页在强连通分支中，恰耶斯说，他便可以找到去其他任何强连通分支网页的路径。"我可以跟随一系列超链接到达那个人的网页，而且那个人可以跟随一系列超链接返回到我的网页。"

波格斯指出一些网页可以连接到强连通分支，即使没有连接路径返回它们。一些网页被强连通分支中的网页连接，但并不连接强连通分支的网页。他强调，知道哪些网页在强连通分支内，或者以何种方式与强连通分支相连，对万维网广告客户会很重要。

建立能再现万维网所有这些特征的数学模型的工作仍在进行中。但是迄今为止建立起的万维网和其他网络的模型已经提示我们，未来的数学家们有朝一日可能能够解释在人类事务中遇到的很多网络行为——例如经济、政治和社会网络；生态系统；细胞内的蛋白质网络；还有传播疾病的接触网络。"我认为会诞生一门网络数学，"恰耶斯说，"这是非常令人兴奋的新兴科学。"

第六节 回到博弈论

既然博弈论也宣称其在描述人类行为方面的支配作用，我问恰耶斯博弈论是否会在新型社会网络数学中起作用。幸运地是，她说是的。"我们在尝试解释为什么网络结构是按那样的方式发展起来的，那的确是个博弈论问题，"恰耶斯说，"因此建立起描述因特网和万维网发展的博弈论模型，还有很多工作要做。"

事实上，恰耶斯、波格斯和他们的同事已经提出了一种至少在本质上和博弈论近似的数学方法可以解释在网络发展中出现的优先连接现象（而不是像巴拉巴西和亚伯特那样仅仅设想）。那是一种出于竞争考虑的成本最小化——连接的成本和连接之后的运行成本（有些像买车——你可以买保养费用很高的便宜车，或者支付更多买高性能低维护费的车）。这种平衡可以看作两种不同网络结构的竞争，预测最小成本的数学也预测了一种类似优先连接的东西来描述网络的发展。

博弈论被更直接地用来解释其他种类网络的发展。例如网络模型常被用来解释活细胞内化学物质的相互作用。数千蛋白质相互作用最终决定了细胞的行为，这些行为通常是关系到存亡的极为重要的事情。博弈论可以帮助解释这些生化网络如何进化成它们现在的复杂形态。

当然，生物学家会自然地设想细胞代谢会进化到能最有效维持细胞活动能量的某种"最优"状态。但什么是最有效？那取决于环境，而环境包括了向着最优状态进化的其他物种。"因此，有机体通过向最优状态进化改变了它们的环境，这反过来改变了最优状态，"计算生物学家托马斯·菲佛和生物学家斯蒂凡·舒斯特尔解释说。[10] 这种动态过程对博弈论，尤其是进化博弈论来说正是最优的。例如，细胞化学网络中一种关键的分子是三磷酸腺苷（ATP），它为重要代谢过程提供必需的能量。ATP 是一连串化学反应的产物。为了生存，细胞需要持续的 ATP 来源，因此这种反应"组装"线必须时刻不停地运转。

当然，组装线有多种可能的配置方案——就是可以产生 ATP 的不同反应组合（和很多网络一样，有多种路径可以到达枢纽）。细胞生物学中一个重要的问题是细胞是会更倾向于尽可能快地产生 ATP，还是尽可能有效率地生产（就是用同样原料能产生更多 ATP 的路径，获得更多物美价廉的ATP）。有些反应路径比其他的更快但是更浪费，使得希望达到最优代谢的细胞面对一种权衡。

博弈论分析表明，最优的策略取决于附近其他参与竞争资源的有机体。存在竞争时，博弈论倾向于快速但浪费的 ATP 生产，这种预测和最优资源分配的简单观点相矛盾。毕竟，如果一群微生物细胞在竞争养分，看起来每个微生物最有效利用可用的养分供给对群体是最优的，因为这样会有足够的供应。但博弈论有另外的观点——这是另一个自然界中的囚徒困境例子。个体的最优并不能带来群体的最优。

"这个矛盾意味着用户最大化其适宜性的倾向实际上导致了适宜性的下降——这是传统最优化理论得不到的结果，"菲佛和舒斯特尔指出，"在进化博弈论的框架中，慢速高效的 ATP 生产可以看作是利他的合作行为，而快速低效的 ATP 生产可以看成是利己行为。"[11]

但是设想细胞总是通过利己行动增强自身生存可能性也是错误的。博弈论数学提出，当一个微生物的邻近物种消耗不同种养分的情况下（因此不存在单一资源的竞争），以速度为代价的更高效 ATP 生产会是更优的生存策略。实际的观察证实了和其他细胞共享资源的代表性细胞（例如某些酵母细胞）进化出了高速而浪费的 ATP 生产方式。然而在多细胞机体中，细胞表现地和邻近细胞更为合作，进化出更高效的产生 ATP 的反应路径。

有意思的是，癌细胞看起来违反了合作策略而表现地更利己（从使用低效 ATP 生产过程的角度看）。博弈论还没有真正地治愈癌症，但是洞察癌细胞的这些性质可能对和癌症斗争的过程有所贡献。

在更高的进化水平上，网络数学和博弈论的结合可能可以解释更多高级形式的人类合作行为。进化博弈论在合作问题上的突破——在看起来由利己个体组成的社会中如何能够进化出利他行为——主要依赖于各种情况下进行的囚徒困境博弈。在某些种类的博弈中，玩家（或当事人）可能和群体中的任何人接触然后决定是欺骗还是合作。然而在某种博弈下，当事人只能和直接相邻的人产生联系然后做出决定（换句话说，这种博弈是有"空间结构"的）。看起来合作现象更可能在有空间约束的博弈里发展，至少当这种博弈是囚徒困境问题时。

但是也许囚徒困境并不总是能非常准确地把握现实生活的精华。生活有时可能更接近于一种不同的博弈。一种可能就是"铲雪堆"博弈，这里的最优策略选择和囚徒困境问题不同。在囚徒困境问题中，不管别的玩家做什么，每个玩家通过欺骗获得最多的利益。在铲雪堆博弈中，你的最优行动是只在你的对手合作时欺骗。如果对手欺骗的话，你合作会好一些。[12]事实证明，空间约束也影响了铲雪堆博弈中合作的进化，但是以一种不同的方式——抑制合作而不是增强合作。这是个令人困惑的发现，使得人们质疑博弈论在研究合作问题上的有效性。

然而，正如物理学家弗朗西斯科·桑托斯和豪尔赫·帕切科所指出的那样，当事人仅仅和直接相邻的人产生联系的"空间约束"也不是真实存在的。对当事人或玩家更如实的空间描述可能是一种当事人关系的无标度网络，模拟了真实的社会连接。将无标度网络的数学和博弈论融合后，他们发现不论在囚徒困境或者铲雪堆博弈中都会出现合作。"与前面的结果相反，合作成为了囚徒困境和铲雪堆博弈的显著特点，对和这两个博弈相关参数的所有数值来说，何时形成遵从无标度网络的连接网络取决于发展和优先连接的机制。"这两位物理学家在 2005 的《物理评论快报》（Physical Review Letters）中这样写道。[13]

还有很多论文探究了博弈论和网络数学的联系。我觉得这种趋势一定会带来更丰硕的数学成果。毕竟，网络是随着时间发展和进化的复杂系统。而正如进化生物学家发现的那样，博弈论是用来描述这种复杂性进化的有力工具（一篇文章特意模拟了一种囚徒困境博弈，说明了重复进行博弈如何导致复杂网络进入一种作者称之为"网络纳什均衡"的状态）。[14] 因此随着社会网络的本质变得更加清楚，博弈论对社会的重要性也会更加显现出来。

事实上，物理学家们越来越多地转向了使用基于网络的统计物理学工具以构建他们理解中的"自然法典"（就像阿西莫夫笔下的哈里·谢顿做的那样）。统计物理学和网络数学的联合，加上博弈论和网络的密切联系，向我们表明博弈论和统计物理学可能一起孕育出一门研究人类集体活动的新科学，物理学家们称之为社会物理学。

第九章

阿西莫夫的预见——心理史学或社会物理学

> "人非数字。"此言差矣；我们只不愿被当数字来待而已。
>
> ——迪特里希·斯托福

1951年，也就是约翰·纳什发表博弈均衡理论的同年，艾萨克·阿西莫夫推出他三本系列丛书中的第一本——《基地》。这套丛书讲述了一个衰退的大帝国和一门新兴的社会行为科学——心理史学。最终，该丛书位列《指环王》与《星球大战》之间，共称为最著名的科幻三部曲。心理史学也成为是探索自然法则（定量描述和准确预测人类集体行为的科学）的雏形。[1]

心理史学联合心理学与数学，并借用物理方法来预测（并影响）社会与政治的发展。当今许多物理学家和数学家投入其中，寻求能揭示社会行为模式的方程式，从而说明人类的疯狂亦有其道。

因此，阿西莫夫的预见不再是痴人说梦，林林总总的研究机构分别研究心理史学的前后左右。世界上许多学校和研究机构中的研究者正在建立新的交叉学科，如：经济物理学、社会经济学、演化经济学、社会认知神经科学，以及实验经济人类学。圣达菲研究所把经济行为与文化演化作为新的行为科学项目。美国国家科学基金则把"人类和社会动力学"作为一个专门的课题优先资助。

此领域的文章几乎天天见诸于科学期刊或互联网上。有的调查不同人群的投票方式，有的研究仓皇出逃的群体行为，有的剖析社会兴衰，有的探讨预测股市走向的方法，有的推测反恐的影响，还有的分析谣言、潮流或新技术的扩散。

这些研究千差万别，但殊途同归，都是在更好地理解现在的基础上预见未来并努力塑造它。总之，阿西莫夫的心理史学（预言人类历史的科学）似乎并非痴心妄想，也许是必然。

在上述研究中，社会物理学与阿西莫夫的心理史学走得最近，都植根于统计物理学。但社会物理学徘徊了几十年，直到21世纪才变口号为科学。

物理学家用统计物理学来描述复杂的难以探微发幽的体系，比如，用统计物理学来说明两化学物质的温度对反应的影响。同样，社会物理学家相信，他们也同样可以用统计物理学来测量社会"温度"，从而对社会行为进行定量和预测。

测量社会"温度"不像测量室内气体分子的温度那样简单。除一些重大体育赛事外，少有人的行为如分子撞墙般激烈。物理学家要用统计物理学来测量社会"温度"，首先要确定把"温度计"放哪儿。

幸好分子碰撞跟人际交往有相通之处，类似于人在不同社会网络中的相互接触。所以，虽然社会物理学背后的基本观点由来已久，但是直到对社会关系网的新解大出风头时，它才开始上路。

社会网络是统计数学的完美"试验田"，却少有物理学家关注博弈论在"试验田"中的应用。冯·诺伊曼和摩根斯特恩指出，统计物理学的应用给博弈论的应用提供了范式，为其在社会网络中的应用带来了希望，并且有关探究博弈论重要作用的文章已经出现。纳什认为，博弈均衡与化学平衡一样都建立在统计物理学之上，它为描述竞争如何产生复杂的社会网络提供了最初的数学框架。因此，如果心理史学是统计物理学和社会网络的"好合之子"，博弈论就是"产婆"。

第一节 社 会 谴 责

网络数学的社会用途显著，它可用来跟踪传染病的扩散和制定疫苗接种方案，也可用来研究像传染病一样传播的观点，还可用来研究社会发展，甚至选举活动。

然而这却并不新颖，即便是在物理学中。塞日·加兰（Serge Galam）早已努力把统计物理用于解决社会问题。可是直到 20 世纪 70 年代，统计物理学才成为物理界最热门的话题，这多是因为肯尼斯·威尔逊在康乃尔大学的工作获得了诺贝尔奖。当时加兰还是特拉维夫大学的一名学生。他怀着统计物理学可解决所有惰性物质的重大问题的信念，学习了这门课。于是他开始宣传统计物理学在物理外的用途，尤其是在分析人类现象中的用途，还就此主题发表了几篇论文。1982 年，他甚至以"社会物理学"为题发表了一篇文章，但其他物理学家的反应冷淡。

"这种做法几乎遭到所有物理学家的强烈反对，"他写道，"无论主流与非主流，无论长与幼。把人类行为看成原子被认为是对自然科学和人类多样性的亵渎，是毫无意义的，要受到谴责。"[2]

在我的印象中，今天大多数物理学家对此不是恨之入骨（虽然有人如此），而是漠不关心。不过，仍有一些爱好者和国际研讨会致力于社会物理学及相关议题。同时由于网络数学的飞速发展，社会网络的研究逐渐得到一定的尊重，研究人员被狗血淋头的风险也逐渐减小（虽然在欧洲比在美国更易被接受）。

这种变化部分因为类似的经济物理学（一个更发达的领域）的日益普及。经济物理学[3]用统计物理学研究经济活动中行商间的相互作用。一些著名的物理学家被吸引，更有许多年轻的物理学家用此技能在华尔街淘金，从而不再用为政府削减研究经费而惴惴不安。

社会物理学并不止于经济物理学，它要最终涵盖有关人类相互作用的一切。探索的道路当然曲折，但无论如何看待它，许许多多的探索的确正在进行。现居法国的加兰依然满腔热情，他研究了恐怖主义的蔓延以及影响因素。类似工作还包括对舆论传播和投票行为的研究，他认为像 2000 年美国总统大选那样"悬而未决的选举结果是必然的，也是正常的。"[4]其他人也发表了有关舆论传播的论文，试图解释极少数人的观点是否将占据社会的半壁江山，甚至成为压倒性的多数。

为了便于数学处理，要完全切合实际绝不可能，因为没有数学能捕捉个人观点形成过程中所有的细微差别，更别说整个群体。因此大部分工作基于简单的数学模型。这种模型旨在简单而本质地表述人们的观点，并确定其影响因素，从而使这些观点可被数学把握。如果这种模型对人类行为产生一二效用，那么它就可以被进一步改进，以更加接近现实。

但同时认为这种想法荒谬的不乏其人。人不是粒子，他们跟原子或分子不可同日而语，又怎么能用研究分子相互作用的数学模型去研究人呢？另一方面，虽然麦克斯韦的弹性球模型为物理的发展做出突出贡献，但是分子毕竟不是弹性球，而他却在论文中将统计数学用到"小，硬，有完全弹性，并只有碰撞作用的小球"体系中。麦克斯韦心知肚明，分子固然小，这种描述却是不完整或不准确的。可他相信通过分析一个简化体系可以认识真实的分子。

麦克斯韦写道："如果这个体系在各方面的属性与气体相符，那么就可以建立一个重要的模型，从而更准确地了解物质的属性"[5]今天，物理学家同样希望在粒子和人之间能找到相似的模型，从而进一步认识社会机能。

第二节 社 会 磁 性

波兰弗罗茨瓦夫大学的 Katarzyna Sznajd-Weron 对社会成员观点的形成及改变兴趣浓厚。她在 2000 年提出一个普遍认可的原则,认为社会中观点的传播一定反映出个人行为及其相互作用,正如在物理学看来,宏观状态必然反映微观状态(就如容器中气体的温度或压力能反映分子的速度和碰撞情况)。[6] 她写道,"问题在于,微观准则能否解释社会学家所要处理的宏观现象。"[7]

Sznajd-Weron 深知,当人们被告知他们的行为像原子或者电子一样,而不是具有感情和意志的个体时,肯定会诧异。"我们的确是独立个体,"她写道,"但在多数情况下我们的行为像粒子。"被周围事物所影响就是其中一个共同点。一个人的行为和思想常取决于他人的做法,正如一个粒子受到其他邻近粒子影响一样。

Sznajd-Weron 讲述了一则趣事:一天早上,一个纽约人注视着天上的星星,路人匆匆而过,视而不见。第二天,有 4 个纽约人盯着天空,于是其他人莫名其妙地停下来加入他们的行列。这种从众行为给 Sznajd-Weron 一个启示:把人群的趋众行为类比成相变统计物理学的条件突变,就如水冻成冰。另一类相变同样引起了她的注意,那就是某些材料低于一定温度会突然产生磁性。

社会反应了人的集体行为,磁性反应了原子的集体行为,所以社会和磁性相联系不是无稽之谈。铁之所以具有磁性,主要因为电子在原子核周围的排列使原子具有磁性。磁性同时也与电子的自旋方向有关(自旋是绕轴的旋转,轴向上,电子顺时针自旋,轴向下,电子逆时针自旋)。

因为原子磁性的随机取向抵消了彼此的磁性,条形铁通常无磁性。可是就像仰天注视的从众效应一样,一旦有足够多的原子沿一定方向排列,其他的原子就会紧随其后。当所有原子都规则排列时,条形铁就会变成磁铁。此时每个原子似乎都依照相邻原子而行事。物理体系都趋向于最低能量状态,并且只有相邻原子的未配对电子同向旋转才能使体系的能量最低,所以一个铁原子的电子的旋转会影响相邻原子的电子,诱使它沿同一方向旋转(在大多数材料中,原子的电子都是配对的,且旋转方向相反。但在铁和一些其他材料中,一些位置上的电子没有配对。当然,磁性比这个粗略的描述复杂,但基本观点是对的)。

当科学家从这一角度理解磁性时，他们想知道相邻粒子的局部作用是否可以解释从无磁性到有磁性的整体相变。20 世纪 20 年代，德国物理学家恩斯特·伊辛（Ernst Ising）试图展示体系中相邻电子的旋转如何诱导自发相变，但是失败了。问题不在于其基本构想，而在于他分析的是一维体系，就像项链上的一串珠子。很快其他学者指出，伊辛的方法在二维体系中成立，例如格子中的旋转球。

因此，磁性可被理解为由个体相互作用衍生的集体现象。这有点像扎堆新闻。当一家报纸对某事大肆渲染时，其他媒体也来拼抢，最后 O.J. 辛普森、迈克·杰克逊，或逃跑新娘一类的故事铺天盖地。类似于相变，大范围的快速改变也发生在生物和经济领域，如大规模的物种灭绝和股市崩盘。近年来，加兰、Sznajd-Weron 以及其他一些物理学家注意到，社会上也有类似现象，如：时尚的迅速流行。

为了便于数学处理，Sznajd-Weron 就社会观点设计了一个和伊辛类似的模型。在模型中不再是电子或上或下的自旋，而是人们就某一问题的赞成或反对。如果开始人们的赞成或反对是随机的，那么系统随着时间的发展将会产生怎样的结果呢？Sznajd-Weron 就此问题提出一个基于"社会验证"的模型。该模型认为，观点可因邻里间的趋同而传播，如纽约望天者的行为因他人的模仿而传播一样，与"伊辛"模型中磁性产生的道理类似。

Sznajd-Weron 的社会模型非常简单，就像只在一边建有房屋长街，每家有一个编号（事实也如此），而且每家有一个观点（或旋转方向）：要么"赞成"（用 $+1$ 表示），要么"反对"（-1）。

开始观点是随机的。然后，每天每家核查一下邻居的观点，并且根据简单的数学运算来选择改变（或不改变）自己的观点。在 Sznajd-Weron 的模型中，首先要考虑两个邻居的观点。以 10 号和 11 号为例，他们都有自己的邻居（9 号和 12 号）。按 Sznajd-Weron 的规则，如果 10 号和 11 号观点相同，那么 9 号和 12 号就要改成和 10 号、11 号相同的观点。如果 10 号、11 号的观点不同，那么 9 号改成 11 号的观点，12 号改成 10 号的观点。

此规则的数学表述如下：S 代表房子，下标 i 代表房子的编号（在上面的例子中，S_i 代表 10 号房，S_{i+1} 则代表 11 号房，以此类推）。

如果 $S_i = S_{i+1}$，那么 $S_{i-1} = S_i$ 且 $S_{i+2} = S_i$；

如果 $S_i = -S_{i+1}$，那么 $S_{i-1} = S_{i+1}$ 且 $S_{i+2} = S_i$。

也就是说，当两个邻居（10 号和 11 号）观点一致时，他们两边的邻居将支持这一观点。当他们的观点分歧时，任一家左右两边的邻居观点将相同。为什么这样？没有原因，这仅仅是个模型。也有 Sznajd-Weron 模型的变种，它把第二个公式变为：

如果 $S_i = -S_{i+1}$，那么 $S_{i-1} = S_i$ 且 $S_{i+2} = S_{i+1}$。

在 Sznajd-Weron 原始的模型中，他用计算机模拟了 1000 所房子，观测大约 10000 天后观点的改变情况。结果无论开始如何，最终邻里的观点达到稳定状态，要么全部"赞同"，要么全部"反对"，要么一半一半（用 Sznajd-Weron 的话说，这种情形导致的结果要么是"独断"，要么是僵局）。

可是社会并不总在"独断"和"僵局"间选择，所以这个模型不能反应真实世界的复杂性，而这又恰恰说明了观点的形成不单单受制于简单的街谈巷议，还受制于其他因素。这些因素到底是什么，我们不必知道，只要知道有这一说就行了。2000 年，Sznajd-Weron 在论文中把这些未知因素（专业术语中称为噪声）描述为"社会温度"，它提高了无视规则而随机选择的概率。如果社会温度足够高，社会便处在一个无序状态，而不再是僵局或独断，这更像民主社会。

即使如此，Sznajd-Weron 仍指出，就如当年伊辛的一维模型没能很好地描绘磁性的形成一样，她的一维模型可能不会对社会起太大作用。所以，在提出这个模型后，Sznajd-Weron 和其他工作人员一直努力完善它。迪特里希·斯托费尔（Dietrich Stauffer）（大概是当今最杰出的社会物理学家）构建了一个类似的二维模型（各"家"占据二维格子中的格点）。当人们在二维格子中排列时，每家有 4 个邻居，相邻的 2 家有 6 个邻居，相邻的 4 家有 8 个邻居。这种情况下的规则可以是，相邻的 4 家都具有相同的旋转（或者观点）可改变 8 个邻居的旋转（或观点）；或者 2 个邻居具有相同的旋转可改变 6 个邻居的旋转。格子模型可以提供更复杂的情况，从而重现更多社会的真实性质。

第三节 社会网络

很明显，要使这些方法更具有现实意义，不是把它们应用到简单的线形或格子模型，而是应用到复杂的社会网络中。很多有趣的工作已经就此展开。其中一个研究了"传染"的一般理念，即任何事物，无论传染病、思想、潮流、技术创新还是社会骚动，都是通过人群进行传播。结果发现，潮流并不总像疾病一样传播，而是不同的情况可能导致不同的"传染"。

他们的分析表明，疾病传播更多地在于人们的抵抗力而非它的传染性；

观念散布更多的在于人们对已有观念是否执着而非它的煽动性。这也就是说，控制传染最好的方法就是提高抵抗力。要控制疾病就要改善保健措施，要改变选举结果就要改变经济激励。

彼得和邓肯瓦特在文章中说："我们的研究表明，很小的操控都会显著地影响'星火'的'燎原'之势"。[8]哈里·谢顿为让追随者巧妙地改变政治进程，也曾在心理史学中说过类似的话。

在现实生活中，人们自然不必依上述假设中的简单方法来传播观念或病毒，所以有些专家质疑统计物理学在社会问题中的用处。康乃尔大学的史蒂文·斯特罗加茨（Steven Strogatz）说："它的确是研究任何庞大体系的合适语言，不管是人、神经元还是磁铁中电子的旋转，也许在有限的领域内它可以独挡一面……我担心的是在社会动力学中，有大量的物理学家风格的模型把心理学的愚蠢观点作为基础。"[9]

就在统计物理学受到质疑时，博弈论有了用武之地。弗洛伊德可能做梦也没想到，博弈论为经济学家和其他社会科学家提供了量化人类心理状态的工具。神经经济学和行为博弈论已塑造了一个比只嗜钱如命的幼稚的"经济人"模型更现实的人类心理状态模型。何况一旦你对人类心理状态（特别是个体间的心理差别）有了更好的描述，就需要博弈理论来告诉你这些个体将如何相处。

第四节　社会物理学与博弈论

说归说，当真刀真枪地研究社会行为（不只是"赞成"或"反对"，而是整个人类文化行为及其差别）时，个体之间复杂的相互作用的确棘手。这再次与气体分子的情况相似。在麦克斯韦初始的气体分子模型中，气体分子只通过碰撞（或撞击容器壁）改变运动方向和速度。但是，电场在分子间产生的引力或斥力使原子和分子的相互作用更加复杂。如果在计算中考虑到这些力，统计预测会更准确。

类似地，个人行为的影响因素也在人不在己，这便是博弈论所要描述的。科林·卡默热指出："博弈论是描述社会相互作用的数学语言，它为此而生。"[10]致力于此的研究比比皆是，其中尤为著名的一个是基于圣达菲酒吧的少数者博弈。

博弈论中，一个人的选择取决于他人的选择，因此博弈的结果从总体上反映出可用纳什均衡来描述的集体行为，不像简单的社会物理学模型那样，只考虑相邻者的相互作用，集体的行为产生于纯粹的局部影响。但是纳什均衡又更进一步，认为个人行为应该受到所有其他行为的影响。大概意如，所有其他博弈者选择的平均是一个博弈者选择的最大影响因素（在物理学术语中，这与统计物理学的"平均场理论"相对应）。

在传统的博弈论中，每位博弈者都被假定为完全理性，并拥有全部信息和无限智慧，从而通过对他人的洞悉制定自己的万全之策。但有时（其实是几乎所有时候）人们的智慧和信息有限，更何况有些时候博弈太复杂，太多的人纠缠于运用博弈论去选择一个万全之策的情形中。

事实上，即便像周末晚上去不去酒吧这样简单的问题，也复杂得不能料得周全。在 20 世纪 90 年代初，圣达菲研究所一位叫布赖恩·亚瑟的经济学家把这个问题放在大家的视野中。当时有个叫"爱尔法鲁"（El Farol）的圣达菲酒吧非常受欢迎，可是由于人太多而不再是片乐土〔就如棒球运动员尤加·伯拉（Yogi Berra）回忆起纽约城 Toots Shor's 餐馆时的评论："Toots Shor's 餐馆太挤，没人再去那儿。"〕

在上面的例子中，布赖恩·亚瑟发现了运用有限信息做决定的缺陷。当人数超出某个限度，酒吧就索然寡味，而你事先又不知道有多少人会去酒吧，所以你假定：如果去的人不多，每个人都想去。这就是少数人获益博弈，在去与不去的选择中，你希望多数人的决定与你相反。

1997 年，迪米尔·沙利特（Damien Challet）和张一成（Yi-Cheng Zhang）提出详细描述了爱尔法鲁酒吧问题的数学方法，并称之为少数者博弈模型。从那之后，这种模型就成为很多物理学家处理经济和社会问题的常用框架。[11]

在这个模型中，每个顾客（在数学模型中被称为"主体"）都记得以往几次的情况（从过去几次的经验，顾客可以决定去不去酒吧）。假设周五晚上小酌一杯是你的惯例，而且过去的三周多数人失败地选择了去酒吧，只有少数人呆在家里免遭拥挤。那么下周五你可能去酒吧，因为料定在连续三次的拥挤后，大多数人将呆在家里，酒吧也就不再拥挤。你当然可以对两周前的情形置若罔闻，只根据一周前的情况作选择，这全在你自己。

在博弈开始的时候，每位主体都有一套类似的可能策略，随着博弈的进行，他们将发现通常最有效的策略，并把它用于博弈。结果，所有博弈者的行为变得协调，最终周五去酒吧的人数将在 50% 上下波动，有时稍大于 50%，有时稍小于 50%，从不太离谱。

你不必为评价少数者博弈模型在社会中的应用而成为酒徒，因为这个模型不仅适用于酒吧，也适用于所有人们期望成为少数派的博弈。许多经济现象是少数者博弈，例如选择买卖时机。如果卖家比买家多，买家就有少数派的优势。

然而，究竟哪种选择会是下周五夜晚的少数派呢？进一步研究发现，这取决于参与博弈的人数和他们的记忆力。随着人数的减少（或者他们记性的提高），最终结果在一定程度上呈现出规律性，因此可在一定程度上做出统计预测。

第五节 多 元 文 化

虽然少数者博弈模型提供了一个用博弈论（修正过的）模拟人群行为的好例子，但仍有很多不尽如人意的地方，且更与阿西莫夫的心理史学相去甚远。心理史学不仅量化群体内个体之间的相互作用，而且量化群体之间的相互作用，从而呈现出纷杂的文化多样性。今天一些务实的人类学家已经用博弈论来演示文化多样性，但用博弈论来解释这种多样性又是另一回事。如果社会物理学要成为心理史学，它必须能够应付全球文化的大杂烩，而实现这一目标无疑需要博弈论。

用博弈论涵盖所有的文化多样性在乍看之下前景黯淡，尤其在最基本的博弈论中，社会科学的元素似乎消失了。然而人并不是传统博弈理论中只顾私利的理性个体，他们在博弈中的选择带有感情色彩。社会也发展出截然不同的集体行为文化模式，没有法则能规定出普适的心理学来引导文化沿相似的轨道演化。

密歇根大学的珍娜·贝德纳（Jenna Bednar）和斯科特·佩奇（Scott Page）认为，博弈论似乎无法解释迥异的文化行为。他们写道："博弈论假定了孤立的、无背景的决策环境以及最优行为。"[12] 但人类文化并非如此。同种文化环境下，人们的行为方式相似并且相当一致；不同文化下人们的行为方式大相径庭。而且无论在何种文化下，人们的行为通常不能使利益最大化。当激励改变时，行为也往往固守文化规范。所有这些文化的特点都与博弈论的一些基本假设背道而驰。

珍娜·贝德纳和斯科特·佩奇说："文化差异（宗教、语言、艺术、法律、道德观念、风俗习惯和信仰交织在一起，构成社会多样化）和文化冲击似乎与传统博弈论中最优行为的假定有出入。因此，博弈论似乎无法解释模式化的、依托于背景的，甚至次于最优的文化行为。"[13]

但是，在解决无处下口的问题方面，博弈论的适应力惊人。即使对于解释千差万别的人类文化，它的威力尚存。珍娜·贝德纳和斯科特·佩奇称："博弈论可出人意料地当此重任。"[14]

他们指出，也许理性会推动个体或主体寻求最优行为，但在繁杂的情况下，为寻找最优行为而付出的努力不可不计。在许多博弈中，博弈者不只考虑"最佳策略"的回报，还要考虑为获得"最佳策略"而付出成本。有限的智力（每个人都一样）并不总能承受得起这样的成本。现实生活也从不是一种博弈，而是众多博弈的组合，这又给有限的智力平添万钧重负。珍娜·贝德纳和斯科特·佩奇写道："由此说来，一个主体在一个博弈中的策略要取决于他所面临的所有博弈。"

因此，爱丽丝和鲍勃（还记得他们吗？）可能需要比第二章中更繁杂的计算来对付许多其他的博弈。如果他们只有一个相同的博弈，那么对计算能力的整体要求也许相差甚远。尽管他们在这个相同的博弈中面对相同的情形，但是由于在同一时间所面临的其他博弈难度的差别，他们可能会有不同的选择。正如珍娜·贝德纳和斯科特·佩奇指出："当面临不同的博弈组合时，两个主体可能会对相同博弈采取截然不同的策略。"

一方面智力有限，一方面又要参与多种博弈，所以"理性"的选择就是放弃纯粹理想化的博弈选择，代之以一系列指导方针，就像约翰尼·德普的电影《加勒比海盗》中的海盗守则一样。这就是文化行为的意义所在。行为的文化模式是装有策略的工具箱，这个工具箱可用于各种情况而不再为回报精打细算。珍娜·贝德纳和斯科特·佩奇写道："文化多样性并没有否定最优化动机，只是这些最优化动机受到了激励、认知局限以及经典案例的影响。因此，不同环境下的主体对一样的博弈可能有不一样的玩法。"[15]

密歇根的科学家通过计算机赋予主体或博弈者足够的智力，使他们能算出最佳策略，从而通过对各种博弈的模拟来检验上述观点。在模拟中，用不同的激励措施来模拟不同的环境条件，结果表明，博弈论驱动着那些理性的利己的主体选用行为的"文化"模式。当然，这种方法并不能解释文化的一切，但是它揭示了博弈是如何阐释那些看似超越了博弈论范围的社会现象。同时表明，将博弈论纳入统计物理学的公式中，可以大大拓宽社会物理学的范畴。

以上说明，网络及社会与博弈论紧密相连。近来统计物理学在此二者中的长进又渐渐使人想到：博弈论和物理学是否存在着更深刻的联系。博弈论已是统一社会科学的语言，物理学家在揭示社会科学现象时难免用到它。其实这已在经济学中显现。昨天我收到最新一期的《今日物理》，其中就有文章认为经济学可能是"下一个物理科学"。

圣达菲研究所的多恩·法纳和埃里克·史密斯以及耶鲁大学经济学家马丁·舒贝克写道："物理学对经济学实质性的贡献仍处于初期阶段，同时我们认为预测未来只是天方夜谭。但几乎可以肯定，关于社会的'物理'理论不会是已有物理理论的简单重复。"[16]

他们指出，物理与社会确有一些共同的领域，"经验一再表明，至少某些社会秩序可用基本原理来预测"。市场在物价的调节、配置的资源以及社会体制构建中的作用就包含了"满足人类需求的效率或最优化的理念"。在经济学中，博弈论是用来计量这种理念的工具。在物理学中，与之类似的是用统计物理学数学来处理的物理学系统。问题在于这种类推是否足以建立类似阿西莫夫的心理史学，即一种预测社会中人与人之间相互作用的统计物理学。这才是真正的自然法则。

物理学和博弈论类推的一个可能瑕疵在于，物理学不只是统计物理学，更是由奇异的（但又精妙的）量子力学所描述的实体科学。如果物理学要和博弈论有更深刻的联系，那么应该是量子上的联系。而事实确实如此。

第十章

梅耶的硬币——趣味量子与博弈论

是博弈论深及物理学，还是物理学深及博弈论？皆有可能。但令人惊奇的却是，量子物理可能在最基本的层次上成为两者的纽带。

——李周帆，尼尔·F·约翰逊，《物理世界》

想像现在是 24 世纪，在"进取号"星舰的船舱里。

琼-卢·皮卡德船长（Jean-Luc Picard）把一枚正面向上的硬币用盒子罩住，这样在翻转它的时候看不到它。他的对手是一个有神秘力量（mysterious power）的外星人 Q。Q 首先选择是否翻转硬币，在不知道 Q 做了什么选择的情况下，皮卡德船长必须接着决定是否翻转，最后 Q 再选择是否翻转。揭开盒子时，若正面朝上，Q 赢；反之，皮卡德输。

他们玩了 10 次游戏，Q 大获全胜。

这不是《星舰迷航：下一代》中的一个片断，而是物理期刊上的一段情节，它介绍了认识博弈论的全新方法。

硬币翻转游戏是一个受人欢迎的古老的博弈理论。它有多种形式，例如比胆大游戏就是其中之一（你决定是否翻转硬币类似于决定是否避开迎面而来的汽车）。如果用硬币翻转游戏的原始方案，Q 和皮卡德在长时间的博弈中应该打个平手，一个人获胜的次数不会超过另一个。这种连赢 10 次的情况否定了所有理性的幸运。

假使这一情况发生，瑞克舰长（Riker）会立即指控 Q 作弊。但是聪明的皮卡德将多花点时间思考这一情况，并最终意识到 Q 是量子的缩写。只有拥有量子的力量，才会在硬币翻转游戏中百战百胜。

不需要外星人教，地球上的物理学家在 3 个世纪以前，即 21 世纪前夕，出于运用量子力学来处理复杂计算的兴趣，创立了量子博弈论。这次望外的转折就像量子力学扰乱了经典物理的自鸣得意一样，改变了人们对"经典"博弈论的认识，并暗示着曾经只限于解释原子、分子的奇异的量子物理也许有一天会渗透进入经济学、生物学和心理学，甚至促成博弈论和物理学的融合（尽管可能不会在 24 世纪之前实现）。事实上，如果能在物理学中发现预测和影响社会未来的方法，那么量子博弈论也许将首当其冲。

如果你一直认真阅读本书，而我却让你在掌握了复杂的博弈论、网络数学和统计物理学之后，才面对量子物理令人困惑的奇异之处，似乎有些不公。幸运的是，篇幅不允许写下一门量子力学，你也不必为了解量子博弈论是怎样起作用的而去研读量子物理的全部知识。但是，你必须接受量子理论中一些最不可思议的事实，特别是多重现实的概念。

第一节　量子电视

之前，我通过对电视的描述，已讲过对量子的困惑［见拙作《比特与钟摆》(The Bit and the Pendulum)］。早期电视信号在空中传输，一个房间可以同时拥有多路信号（现在用电缆传输）。通过旋转电视的频道调节器（或是按遥控器上的按钮），你就可以让众多节目中的一个栩栩如生地出现在荧屏上。在原子、分子、粒子甚至更小的微粒领域内也如此。独立的粒子如波一样，它的性质不能被严格确定。特别是，你不能说某个粒子占据某个特定空间，因为观察之前，一个原子理论上可以同时处在两个位置，而观察将会在众多符合量子方程的位置中确定其所处的位置。

如何定义"观察"，这一重要问题困扰了物理学家数十年。近年来，人们已逐步达成共识，认为对粒子的观察测量不必人类直接完成，却可通过其他粒子的撞击间接实现。也就是，不能说一个原子独立地占据特定位置。但是，一旦其他原子撞击它，就可通过这些原子路径的改变把待测原子定位在特定位置。这一现象称作脱散。只要能避免脱散（例如从其他影响因素中隔离粒子，放在极低的温度下），就能维持匪夷所思的多重量子现实。

量子物理的这一特征引起物理学家和非物理学家无尽的争论和惊愕。但实验结果铁证如山。在亚原子世界中，现实是模糊的，它包含了多种可能，这些可能都是真实的。你无法知道一个原子在哪里，因为它不是占据特定的空间，而是同时占据了多个空间。

在博弈论看来，可以用一种足够简单的方式——现实本身即是一种混合策略——来看待这一切。

我个人觉得这是一个离奇的类比：在博弈论中，你的最佳策略往往不是预先决定的一个行动或一系列行动，而是一些可依据特定概率进行选择的策略组合——比如，策略 A 占 30%，策略 B 占 70%；在量子力学的数学中，一个粒子的位置不能被确定性地描述，只能被可能性地描述——也许 70%

的时间出现在 A 区，30％的时间出现在 B 区。乍看之后，虽然你不认为这个类比很有意义，也没有理由相信分子的数学与经济博弈的决策有关，但是在博弈论中应用量子数学的确能制定新的选择策略，为博弈论的效力增添新维度。

诚然，一些专家怀疑量子博弈论独具的优点。但是一些研究人员认为，充分理解量子博弈论能更好地管理拍卖，更佳地组合股票投资，甚至可以改进民主选举的规则。新技术也使量子博弈论的实验验证成为可能。

第二节　冯·诺伊曼归来

细思之后，量子数学和博弈论的结合也变得理所当然。然而，近来无人问津又让人吃惊。毕竟现代博弈论的创立人约翰·冯·诺伊曼（John von Neumann）也是量子力学的先驱。量子博弈得以发展的最初动力也是源于冯·诺伊曼是开发数字计算机的先驱的事实。

大卫·梅耶（David Meyer）是加州大学圣地亚哥分校物理方向的数学家，当他被邀请于 1998 年 1 月在微软做一个关于量子计算的演讲时，冯·诺伊曼的理论进入了他的视线。"我的听众是整个研发部，我想说一些新的东西，于是我思考什么会使他们感兴趣。"当我去拉迦拉市加州大学圣地亚哥分校他的办公室拜访时，他这样说。[1]

梅耶的工作重点放在量子计算上，他自然清楚标准的量子物理数学是由冯·诺伊曼建立起来的。"在很大程度上，现代计算机的体系结构也是由冯·诺伊曼建立的，这与微软相关，"梅耶说，"但冯·诺伊曼也同样因创立作为经济学重要部分的博弈论而为人所知，这也与微软相关。所以我想，怎样才能把它们糅合在一起呢？"很明显应该做的就是探究建立量子博弈的可能性。

通过研究博弈论的术语，梅耶发现了进行上述探究的突破口。冯·诺伊曼已阐明了在二人零和博弈中，各有一项"最佳"策略，但在同种博弈下（条件既定），这种"最佳"策略并不总是单一的策略，而是具有不同概率的策略的组合，也就是策略的概率分布或"复合"策略。

梅耶指出："复合策略与单一策略的并存不是偶然，就我所知，这种词汇是冯·诺伊曼创造的，并且与量子力学中单一状态和复合状态——复合状态是单一状态的概率分布——意义相同。"

梅耶在微软的演讲探究了把量子理论中多重"复合态"现实运用于博弈

论的方法。他睿智地选择了最简单的硬币翻转游戏。既然在决定是否翻转硬币上没有特别的逻辑，这个游戏便成为一个猜测对手想法的简单游戏。假如一位选手知道了对手做选择的套路，再玩这个游戏时就可以利用它。

在这个游戏的非量子或"经典"玩法中，皮卡德的最佳策略将是半数翻转（换句话说，他应通过抛掷硬币来决定是否翻转），从而确保他的选择没有固定套路。Q 进行两次选择，有四种可能策略（都翻；都不翻；第一次翻，第二次不翻；第一次不翻，第二次翻），每个应占 1/4。如果两人采用了上述策略，他们会平分秋色。没人能靠策略的改变而占上风，这就是纳什均衡。

在梅耶的量子构想中，皮卡德仍按经典方法玩，但允许 Q 用量子策略。也就是说，他不是把硬币翻转成非正即反，而是正与反的量子组合，即半正半反，就像一个电子同时出现在异地一样。

在量子信息物理的术语中，这种正-反组合的双值关系称作量子比特（qubit）——信息的"量子比特"（quantum bit）的缩写。在传统计算学中，比特是信息的单位，用于表示两种可能中的一种——是或否，正或反，1 或 0。经典的硬币不是正面朝上就是反面朝上，但是量子硬币可有多种可能，可以既正又反（我喜欢将量子比特看作抛出后仍在旋转的硬币，观察之前即不正也不反，直到被接住或落地后才知道到底是正是反）。

在实际的量子信息试验中，"硬币"相当于一个光粒子，即光子；正面和反面对应于光子的振动方向（光子振动的轴线方向）。出于现实的考虑，这类试验更多地依赖于对光量子偏振方向即光波方向的测定（或更专业地讲，光波电场的方向）。滤光器（就像凸透镜的偏振镜片）的偏振方向通常设计成垂直的或水平的，从而阻挡或传播偏振光。如果你把滤光器想象成尖桩篱栅，那么垂直偏振光子就可以穿过，而水平偏振光子则被阻挡（当然，介于垂直和水平之间的倾斜偏振光子也能通过。在这种情形下，光子的接收者能使检波器倾斜，也能够通过把检波器倾向右边而阻碍光子倾向左边）。

把梅耶的硬币翻成正面或反面对应于怎样定位偏振滤波器——展现正面，就隐藏了反面。

梅耶的数学阐明了量子控制如何确保这枚硬币总是正面朝上，即 Q 获胜。既然 Q 先翻，他可用他的量子魔法将硬币翻成正反各 50% 的组合（这时，与其把便士想象成是旋转着的不如想象成竖立着的）。因此下一步无论皮卡德选择翻与不翻，便士仍保持直立（从数学上说）。然后 Q 可执行反量子措施，把硬币变为最初的状态——正面朝上。

如果要一个更加严格的解释，可以把量子硬币的旋转在三维坐标系（坐标轴记为 x，y，z）中描述。如果定义正面为沿 z 轴指向北面的旋转（"$+z$"方向），则反面指向相反的方向（南面，或"$-z$"方向）。经典的翻转（皮卡德仅有的一次翻转为经典翻转）旋转方向只在 $+z$ 和 $-z$ 间切换。然而，Q 可用量子的方式旋转，让它指向"东"（沿 $+x$ 方向）。接下来，如果皮卡德由北向南地翻转，旋转仍旧指向东，所以无论皮卡德翻转与否，Q 下步又把旋转转回到朝北，或正面朝上。皮卡德输[2]。半数翻转策略，在经典博弈论是最佳策略，在量子博弈论却一文不值。

在此之中有重要的一点易被忽略。博弈论可以给出最佳策略，梅耶的发现为此论述进行了重要的加注：只有在忽略量子物理多重现实的前提下最佳策略才成立。既然世界按量子物理的规则运转，那么至少在某些条件下，量子博弈论运用于现实生活不仅只是一种可能，更是现实。

第三节　量子困境

梅耶就他在微软的演讲写了一篇论文，并于 1999 年在《物理评论快报》上发表[3]。不久，第二个独立于梅耶研究内容的量子博弈论出现（探讨了著名的囚徒困境）。接下来的几年，大量论文开始探究量子博弈论的整个领域。其中大部分论文认为如囚徒困境等标准游戏的结果，在量子博弈论中也许能得到改进。一些论文将量子博弈原理应用到经济学，认为量子物理的多重可能性可用于挑选股票的最佳组合，决定是否买、卖与何时买、卖股票。

尽管如此，最初认为量子策略在很多游戏中能取得更好成绩的结论，似乎并非无懈可击。在某些情况中，不运用量子魔法，仅让"裁判员"在选手间调解，就能达到同样的效果。若真如此，那么这些游戏中就不会有真正内在的"量子"——它们仍旧经典，只不过是具有新规则的不同游戏而已。然而在深思熟虑之后，梅耶认为仍有办法使游戏在性质上具有量子性。"的确可以通过在游戏中加入经典通信来模拟量子游戏的某些特征，"梅耶告诉我，"但为公平起见，若要加入通信就应该是量子通信，这样便有了差别。"换句话说，如果允许调解员或选手使用量子通讯系统，量子的好处也许会真正得到实现。

"目前把量子位从一个地方传送到另一个地方并不是难事，"梅耶说道，"所以不难相信你能够……让选手有博弈论背景，让裁判，发送量子信息，而不是经典信息——这一做法的优点在于产生新的或可能是更好的结果。"[4]

他说，如果这样，很多现实生活中的难题也许可用量子博弈论来处理。例如，量子信息也许可使网上表决既匿名又可核实。量子信息也许可有效调节组合竞标，例如调节多家公司对政府将要发布的多种许可证的竞标。

"通过交换量子信息，可以更好地或至少全新地来做其中的一些事。在我看来，这是可能的，"梅耶讲道，"量子信息应用广泛，应该深入探究……或许在某些方面它具有现实意义。"

第四节　量子通讯

实际上，通过用光纤传送带有信息量子位的光子，从而进行小规模的量子通讯已经可行。量子位其不可破译的量子防窃听保护可用来传输密码，保证密码不会在未察觉的情况下被截取。这点已通过量子信息在数公里长的光缆中甚至在空气中的传输得到证明。量子密码信号运用于军事卫星已有实现的技术可能性，被列入了将来五角大楼预算的时间表中。

然而为了实用，规模更大的量子博弈体系可能需要一个工具——量子计算机，目前它的发展刚刚起步。事实上，量子博弈论最重要的作用之一就是能让量子计算机干点活。

眼下，虽然对初级量子计算的验证已完成，但是实用的量子计算机的确没有出现。假如量子计算机按比例增加至可实用的规模，就能利用多重量子现实同时做很多计算，大大地缩短处理一些问题的时间。因此，在理论上，量子计算机比现代的超级计算机功能强大得多，但只有在解决特殊问题时才会使用量子处理。例如用量子计算机搜索大规模的数据库，速度会更快；没有量子计算机你绝不愿尝试破译密码。

现今用于军事、金融和其他类秘密通讯的密码赖于把大数拆分成素因子的难度。位数少的数易于拆分：例如，一眼便可看出 15 是素数 3 和 5 的乘积；35 是素数 5 和 7 的乘积。但是对于一个长 200 位的数，世界上最快的超级计算机可能运算 10 亿年也无法把它拆成两个素数的乘积。密码编译系统一旦建立，编码信息的过程就是计算长数的过程，但是只有找到这个长数的两个素因子，才能破译它。

这个系统看上去比较安全，因为能否在 10 亿年后破译一个密码是无关痛痒的。但是 1994 年数学家彼得·肖（Peter Shor）证明用量子计算机能很快找到这些素数。量子计算机可以设定程序一次搜索完所有素数的可能，错误答案可以自行清除，只留下一个很容易计算出素数的数字。尽管如此，设计和建造量子计算机说易行难，能在百思买网站上买到它无疑将是数十年之后了。

　　然而，简单的量子计算现在已经实现。实际上，用和 MRI（核磁共振成像）医学成像基于相同技术的量子计算机已经可以分解 15。2002 年，中国的物理学家报道了用一台简单的量子计算机，对量子囚徒困境博弈的试验验证。第二年，在《物理快报 A》上的一篇论文中，中国物理学家周澜和匡乐满概述了怎样用激光器、镜子和其他光学仪器建立量子博弈通讯系统。[5]

第五节　量子缠结

　　周澜和匡乐满的设计利用了量子物理学最神秘的特征之一：粒子之间鬼魅似的相互作用。举个例子，当两个光粒子（光子）从一个原子中同时发射后，它们之间会保持微妙的联系，即使相距数米、数公里甚至数光年，对其中一个的测量也会对另一个产生影响。这种联系称作"缠结"，它是量子力学中困扰爱因斯坦的问题之一（他称它为"鬼魅似的超距作用"）。

　　当两个光子缠结时，它们别具一格地共享量子信息。假如把它们看作旋转的硬币，既不正面朝上也不背面朝上，直至被观察时其中的一个才停止旋转，并且另一个也会跟着停止！设想我有两枚硬币，如果一个正面朝上，另一个就背面朝上，现在分别让它们在两个暗箱中旋转。我通过联邦快递寄了一个暗箱给俄亥俄州的姐姐，她迫不及待地打开它，发现箱底的硬币正面朝上。在她看到这一切的瞬间，无论我在田纳西、加利福尼亚还是国际空间站，我箱子里的这枚硬币都会立即停止旋转，并且背面朝上。一旦姐姐打电话给我说她的那枚正面朝上，即使不看，我也很清楚地知道我的硬币背面朝上。[6] 不知为何，无论相隔多远，姐姐对她那枚硬币的观察会影响我这枚硬币的状态。当问题不是观察硬币的正反面，而是测量光子怎样旋转或它的偏振方向时，同样的情况也会真实地发生。

　　缠结粒子间的共享信息可用于多种量子通讯的目的。在量子博弈中，缠结粒子能携带基于对方选择的选择。以囚徒困境博弈为例，在经典博弈中，因为不能肯定搭档会合作，所以通常选择背叛。从全局上说，最佳策略是两人都保持沉默，这样他们坐牢的时间最短。但是对每个囚犯来说，最佳策略是告密（以免坐更久的牢）。所以个体的最佳选择并不是整体最佳选择。"我们也有进退两难的窘境，"量子博弈理论家亚爵恩·弗利特尼（Adrian Flitney）和德瑞克·阿伯特（Derek Abbott）写道，"其中一些造成了世界上的很多痛苦和冲突。"[7]

设想有一种基于对方选择而选择的方法。这种方法可由缠结光子提供。如周澜和匡乐满所述，可用镜子迷宫及其他光学仪器设计成一个可以通过光子来传输"背叛"（告密）或"合作"（沉默）信号的设备，最终由检测器检测信号是背叛还是合作。你可以以不同的方式将光子发射进镜子迷宫，这样检测器检测到的信号不是"背叛"就是"合作"。在检测器设计上不会有什么猫腻，关键在于设计出使两位对手所发出的光子发生缠结的迷宫，从而使检测器收到两者都合作的信号。也就是说，你可发出"只有对方合作我才合作"的光子信号。

这一工作表明，至少从原理上讲，量子博弈论能根本地改变人们基于他人选择的选择。回想一下前几章中关于"公共商品"的量子讨论。社区打算建一个福利工程，比如公园，资金自愿捐赠。想是赞成的人会向基金捐最多的钱，但在标准的博弈论看来，这些人出于他人可以捐出足够的钱的考虑，只会很少捐或不捐。因此，如果没有外部机构（比如税收部门）的干预，即使每个人都希望建一座公园，捐款也很难筹集。

2003 年，加利福尼亚帕洛阿尔托市惠普实验室的科学家在互联网上张贴了一篇论文，阐明了公共商品的量子博弈怎样为减少"搭便车"出谋划策。当人们做出经济或社会决定时，他们不总是依据自身的利益，而是有可能受社会规范和期望的影响，类似于对一个光子的测量可以对另一个光子的性质产生影响。如果用量子信息通道传送捐款承诺，它所表达的信息就可赖于其他捐赠者的信息。因此，惠普的科学家提出，通过光纤中的激光束传播的缠结光子，理论上可以用来传送真实生活中关于社区工程的捐赠承诺。用有量子缠结的光子来交流他们的想法，能够协调其他方式无法保证的承诺。

"在缺少第三方保证的情况下，量子力学有能力解决搭便车问题。"陈其一、泰德·豪格、雷蒙德·布鲁斯莱尔在他们的论文中写道。

第六节　量子选举

同样的原理也可用在其他群体交流的问题上，包括选举，特别是有众多候选人的选举。只要多种可能的结果能编译在量子信息中，就不需要再进行决胜选举了。

我认为，这是解决当今民主选举系统中一些内在数学问题的真正潜在力量。比如说，当有三个候选人参与竞选时，最终的胜者可能不反映多数选民的意志。在这里阐述一下这种情况是怎么造成的。

在预备选举中，候选人 A 得票率为 37％，候选人 B 得票率为 33％，候选人 C 得票率为 30％。A 和 B 进入决胜选举。但是对于大部分支持 B 的选民来说，C 是第二选择。对大部分支持 A 的选民来说，C 也是第二选择。假如 C 单独和 A 对决，C 会胜出。如果 C 单独和 B 对决，C 还会赢。但在预备选举中，C 却位列第三，最终的胜者是 A 或者 B。既然多数选民选择 C 而不是 A 或 B，那么获胜者显然不是全体选民的最佳选择。通过在选举中掺入多重可能性，量子选举方案能产生更加"民主的"结果。

用量子理论处理现实中复杂问题的可能性寥寥无几，为这寥寥的可能性而大张旗鼓听来有些做作，但正是这寥寥的可能性给予量子理论无边的潜力，甚至自然界和生命的更深方面都可由量子理论来阐释。关于量子博弈的论文如雨后春笋，这些论文认为，生物竞争的进化博弈论描述的一些特征可由分子水平的量子策略来模拟。特别是，英国赫尔大学的阿兹哈·伊克巴尔提出量子缠结能影响分子间的相互作用，从而使各成分的组合比其他方式更稳定（与生态系统中进化稳定相似）。他认为量子缠结"策略"能决定一个分子群是否能"抵挡"少数新分子（即进化生物学中的突变体）的"入侵"[9]。如果确有其事——现在下定论似乎太早——那么诸如量子博弈论在稳定的自复制分子体系（也就是生命）的起源中发挥作用之类的设想也不再是天方夜谭（在这种情况下生命密码只能用量子密码学来破译）。无论如何，量子博弈论为博弈论和物理学提供了新视角，但还有很多内容有待进一步的研究。至少量子物理学和博弈论有一个明显的相似之处——概率分布，也就是博弈论混合策略的概率分布和量子力学多重现实的概率分布。生命和物理似乎混在一起，要把它们一一区分开来需要对概率做更深入的研究。

第十一章

帕斯卡的赌注——博弈、概率、信息与无知

> 所有精确的科学都依赖于并不太精确的近似理念，这看似矛盾，却是事实所在。
>
> ——伯特兰·罗素

17 世纪的法国，一个名叫博雷斯·帕斯卡的青少年注定要成为一名伟大的数学家。16 岁的时候，他发表了一篇几何学论文，展示了他的天才气质，同时，他还发明了一种原始的计算器帮助他的父亲计算税收。然而作为一个成年人，帕斯卡受到宗教的吸引，放弃了数学，写了一系列关于哲学冥想的文章，这些文章在他死后被收录到一部名叫《思想录》的书中。他 39 岁时去世，留下一笔遗赠，用数学家 E·T·贝尔（E. T. Bell）的话说是"也许是有史以来最伟大的"。[1]

尽管如此，帕斯卡的名字在今天的数学课本中仍然频频出现。这得益于一名叫皮埃尔·费马（Pierre Fermat）的法国贵族。费马有一个赌博习惯，并且希望在此方面得到帕斯卡的帮助。当然帕斯卡提出的不是关于赌博罪恶的宗教说教，相反，他提出的是如何制胜的数学建议。事实上，就是在与费马就这个问题的通信过程中，帕斯卡创造出了概率论。另外，帕斯卡在进行严谨的宗教反思中，得出了概率这个概念，它在此几百年后，成为一个关键的、对博弈论的提出有重要意义的数学概念。

帕斯卡观察到，当下注开赌的时候，仅仅知道输赢的概率是多少是远远不够的，你还必须知道什么是风险。举个例子，如果赢的概率很小，但如果赢了，回报很高。那么这时，你就可能愿意去冒险。或者你会追求安全，即使回报很低，也把赌注压在确定会赢的牌上。然而如果知道回报不高，却将赌注押在一手不那么容易赢的牌上就显得很不明智了。

帕斯卡在其宗教著作中勾勒出了这个问题的框架，特别是关于是否存在上帝的赌博情况中。选择相信上帝就像下了个赌注，他说。如果你相信有上帝，而且这个信念最终被证明是错误的，你也不会失去什么。如果上帝的确存在，信仰上帝会使你赢得一生的无尚幸福感。纵使上帝的存在是一个低概

率的神的存在，而相信他存在的回报确是那么的巨大（基本上是无限大的）。无论如何，他确实是一个很好的赌注。"让我们来衡量一下在上帝是否存在的博弈中的得失，"他写道，"让我们来判断一下这两种情况。如果你赢了，你会得到所有；如果你输了，你什么也没有失去。那么，毫不犹豫，他就是个赌博。"[2]

帕斯卡的推理也许是在神学上过分简单化了，但是确实在数学方面很吸引人。[3]关于一个经济决策进行"数学期望"的计算启示了这种推理方式——你用产出的概率乘以产出本身的价值。理性的选择一定是那个计算结果给出最高期望值的决策。帕斯卡的赌博经常被引用作最早的基于数学方法的决策论的例子。

在真实生活中，当然，人们不会总是简单地通过这种计算来做决定。并且当你的最佳决策依赖于他人是如何决策的时候，简单的决策论就不管用了——做出最佳决策便成为博弈论的一个问题（一些专家认为，决策论仅仅是博弈论的一个特例，因为在决策论中是一个参与者和自然在博弈）。而且，概率和预期收益仍然以深远且复杂的方式与博弈论有着千丝万缕的联系。

由于这个缘故，所有的科学都和概率论有着深层次的缠结——整个观察、实验和测量过程，以及其后将这些数据和理论进行比较都是必需的。而且概率不仅发生在测量和假设检验中，也会发生在对物理现象的精确描述中，尤其是在统计物理学的范畴中。在社会科学中，当然，概率论也是不可或缺的，就像阿道夫·凯特勒在大约两百年前说的一样。因此，我敢打赌，博弈论和概率的密切联系是博弈论之所以被广泛地应用在这么多不同科学领域的原因。并且，毫无疑问，正是博弈论的这个方面使其居于一个如此战略性的位置，作为一种原动力促使社会学与统计物理学融合形成社会物理学——有些像阿西莫夫的心理史学或自然法典。

到目前为止，策划运用社会物理学来描述社会的尝试绝大多数并不以博弈论为基础，而是以统计物理学为基础的（如阿西莫夫的小说的心理史学）。但是博弈论中混合策略/概率方程式表现出其与统计物理学中概率分布的惊人相似。事实上，为达到纳什均衡的博弈参与者所使用的混合策略正是概率分布，准确地说，正如统计物理学里定量表示气体中分子的分布情况。

这个认识推出了一个非凡的结论——即，从某种意义上说，博弈论和统计物理学是互相的他我。意即，它们能够用相同的数学语言来表述。更确切地说，你不得不承认博弈论中某些模型与统计物理学中一些特殊公式在数学上是一致的，且其中还存在深层次的内在联系。只不过，几乎很少人意识到这一点。

第一节 统计学和博弈

然而，如果你全面地检索研究文献，你将会从少数已经开始研究博弈论-统计物理学关系的科学家那发现一些论文。其中，有一位名叫大卫·沃尔波特的物理数学家，供职于美国国家航空航天局的加州艾姆斯研究中心。

沃尔波特是富有创造性思维的思想家之一，拒绝被常规的科学模式所禁锢。他顺着无定型边缘分离（或结合）物理学、数学、计算机科学和复杂性理论的方向，追寻着自己的直觉与兴趣。我第一次遇见他是在 20 世纪 90 年代初，那时他在圣达菲学院做跨学科科学的前沿探索，我们就记忆的本质和可计算性的限制等问题进行了讨论。

2004 年早期，当我留意到他在环球网络物理学版的预定本上发表的一篇论文时[4]，沃尔波特的名字再次进入我的眼帘。他的文章论述了如何在博弈论与统计物理学之间建立一种联系（倘若顺便提一句，这也是我写这本书的重要灵感之一）。事实上，正如沃尔波特在文章中所展示的，首先引起我对这个问题的注意的是，一种特殊的研究统计物理学的方法所涉及的数学方法和研究非合作博弈所使用的数学方法是相同的。

沃尔波特的文章提到，统计物理学中描述微粒都会尽量最小化它们的聚集能，就像参加赌博的人都会为了达到纳什均衡而试图最大化自己的效用一样。赌徒们为达到纳什均衡所使用的混合策略正是概率分布，就像统计物理学中描述的微粒间的能量分布。

在阅读了沃尔波特的文章后，就此问题我给他写了封信，并于几个月后在波士顿郊外的一个复杂性研讨会上与他讨论，当时他于会中陈述一些相关的研究工作。当我问及是什么促使他在博弈论和统计物理学之间建立联系的，他回答说是：拒绝。

沃尔波特一直致力于集合机器学习系统的研究，这个系统可以在各台计算机、机器人，或其他自动设备，各自具有自身个体目标的情况下，相互协调地为了整个系统达成一个目标。这个想法正是找寻一条途径在各个"因子"之间建立关联，使它们的集合行为能服务于总体目标。他注意到，他的研究与《物理评论快报》（Physical Review Letters）上发表的一篇关于纳米计算机的论文的颇为相似。因此，沃尔波特将他的其中一篇论文寄给了那个期刊。

"事实上，编辑回信道'呃，坦白地说，你的工作不是物理学，'"沃尔波特说，"而且我很不高兴"。所以他开始思考物理学和博弈论。毕竟，一群有着各自走向的因子，但却追寻一个共同目标，这与博弈中寻求纳什均衡的参与者颇为相似。他回忆道："之后我说，那么我将尽全力理解这其中的奥秘，并用物理系统的语言来进行完整的诠释。"[5]

博弈涉及的是参与者；物理学涉及的是分子。于是沃尔波特就研究能够体现参与者策略的数学方法，就像物理学中体现分子动态一样。所有参与者策略的混合体就像统计物理学中通常描述的所有原子动态的集合。他提出的公式，在给定对参与者的有限了解的情况下，可允许你计算出在博弈中任何个体参与者策略的真实集合的接近的近似值。你可以用同样的方法来计算出所有博弈参与者的混合策略。基本上，沃尔波特展示了统计物理学中的数学方法如何最终与有着有限理性参与者的博弈中所使用的数学方法是相同的。

"那些论题根本上是同一的，"他在他的文章中写道，"这个证明增加了将一些统计物理学中已发展得很强大的数学技术转移到分析非合作博弈理论中的潜能。"[6]

沃尔波特的数学图谋植根于"最大熵"理论（maximum entropy，或者叫"maxent"），一个联系标准统计物理学与信息理论的原理，用于量化发送与收到讯息的数学。最大熵的理论是由特立独行的物理学家艾德文·杰尼斯（Edwin Jaynes）在他于 1957 年发表的文章中创立的，此理论被很多物理学家所接受，但同时也被其他很多物理学家所忽视。当时，沃尔波特称杰尼斯的工作"多么光辉而美丽"，并且认为这才是科学家们必须为了"将博弈论带入 21 世纪"所需的东西。

杰尼斯原理吸引人的同时也使人产生挫败感。它看起来本质上简单，然而却隐含着错综复杂的关系。它与物理概念——熵有着紧密的联系，但仍有着细微的不同。无论如何，它的解释需要对概率论与信息理论的本质进行简要的探寻，也就是将博弈论与统计物理学结合到一起的本质联系。

第二节　概率和信息

几个世纪以来，科学家与数学家都在争论概率的含义。即便今天，仍然存在着不同学派的概率思想，通常简单表示为"客观派"与"主观派"。但是那些标签隐藏了次论据与技术上的细微的差别，使概率论成为一个数学与自然科学中最充满争议和困惑的领域。

多少有点令人吃惊，概率论的确是基于自然科学的基础，扮演着分析实验数据和理论检验过程中的核心角色。这就是科学所要做的一切。你会认为到如今他们已把问题全部解决。但是，建立科学的秩序有些类似为伊拉克建立一套宪法。研究科学的原理和方法纷繁复杂。事实上，科学（不像数学）不是建立在不可约规则的坚实基础上的。科学就像语法。语法是由使用该语言的本族人在创造词汇和联系词汇时发展出来的规律。一个真正的语法学家不会告诉人们他们应该怎么说，而是整理出人们实际上是如何说的。科学并不是烹调书，提供揭露自然奥秘的菜谱；科学源于方法的集合，成功诠释自然。这就是为什么科学不完全是实验，也不完全是理论，而是两者相互影响的复合体。

不过，归根结底，理论和实验必须紧密结合在一起，如果科学家对于自然的构想是有意义且有用的。那么在大多数科学领域里你需要数学来验证它们的结合。概率论就是实施检验的工具（对于如何实施检验的不同想法会导致不同的概率概念）。

在麦克斯韦之前，科学中的概率论主要局限于定量计算诸如测量错误等情况。拉普拉斯和其他学者展示了一种方法来评估在一个确切的置信度下，你的测量值和真实值之间相差多远。拉普拉斯自己运用此方法测量了土星的质量，并推断出真实的土星质量会偏离当前的测量值超过 1% 的情况只有一万一千分之一（1/11000）的发生概率（而结果是，当今最好的测量方法与拉普拉斯时代最好的方法精确度只相差 0.6%）。概率论已经发展成为一个进行评估的相当精确的方法。

然而，概率本身究竟意味着什么？如果你问那些应该懂的人，你会得到不同的答案。客观主义派坚持认为，一个事件发生的概率是该事件本身的性质。你观察所有情况中事件发生的片断，并籍此测量出它的客观概率。另一方面，主观派的观点认为，概率是一种对于某事件可能会怎么发生的信念。主观派主张测量某事件多久发生一次得到一个频率，而非概率。

探究这两种论点相对优劣性的辩论并无意义。一些书籍却致力于这些争论，这与博弈论相当无关。事实是，今天流行的观点，至少是在物理学家中，是主观派方法包含了对科学数据进行合理评估的要素。

主观派统计学经常臣服在贝叶斯的名下。托马斯·贝叶斯是一名英国牧师，于 1763 年（在他去世后两年）发表的一篇文章中探讨了研究自然的方法。今天被人们熟知的贝叶斯定律的公式就是实践主观派统计学方法的核心之所在（尽管精确的定律实际上是拉普拉斯创立的）。无论如何，贝叶斯的观点在今天都被发扬光大，而且也有很多关于它应该如何被理解和应用的争论（也许是因为，毕竟它是主观的）。

但是，从实践的观点来看，客观派和主观派概率论的数学方法在任何基础层面上并没有实质性的区别，只是在理解上有差异。正如杰尼斯在半个世纪前指出的，只是在一些情况下使用其中一种而非另一种是因为感觉方便，或更合适些。

第三节　信息和无知

在他 1957 年的文章中[7]，杰尼斯在概率的辩论中支持了主观派的观点。他认为，这两种观点，主观派和客观派，物理学都需要，但是对于一些类型的问题只有主观派方法能解决。

他争辩道，即便当你对感兴趣的体系一无所知、无从下手的时候，主观派的方法仍然适用。如果给你一个装满了微粒的盒子，而你对它们毫不知情——不知道它们的质量，不知道它们的组成，也不知道它们的内部结构——你对它们的状态也不甚了解。你知道很多物理定律，但是你不知道对于这个体系该使用哪个定律。换言之，你对于这些微粒的状态的无知已经到达了顶点。

创立概率论的早期开拓者，如雅格布·伯努利和拉普拉斯，认为，在这种情况下，你必须简单地假设所有的可能性出现的概率是相同的——直到你有理由去做不同的假设。那么，这也许有助于计算，但是假设所有可能性出现概率相同有确实的（理论）基础吗？除了些可以肯定的情况，很明显两种可能性发生概率相同（像硬币有两面一样完美的平衡），杰尼斯说，很多其他的假设可能被同样证明是合理的（或者如他惯称的，任何其他的假设都是同样主观的）。[8]

然而，借助了在当时来说相当新的信息理论，杰尼斯发现了一种应对这种情形的方法，那个理论正是贝尔实验室的克劳德·夏农（Claude Shannon）创立的。夏农对如何量化通信很感兴趣，特别是发送信息；通过这种定量方式可以帮助工程师们找到使通信更有效率的办法（毕竟，他供职于一家电信公司）。他发现如果你将通信视作对不确定性的降低过程，那么数学方法就可以很精确地量化信息。在通信开始前，收到任何信息都是可能的，因此不确定性很高；当信息确实被接收后，不确定性就降低了。

夏农将这种数学方法广泛应用到任何一个信号传导系统中，从摩斯密码到烟雾信号。但是假设，例如你所想要做的就是发送给某人一条单字信息（这个字是从一本标准未删节的字典里选出的，大概字典里收录了 50 万字）。如果你告诉接收者这个信息中的单字来自该字典的前半部分，那么你就将这个字出现的可能性从 50 万字减少到了 25 万字。换言之，你将不确定性减半（这碰巧与一比特信息相符）。

基于信息降低不确定性的想法，夏农通过它来展示如何量化所有的通信。他发现了一个精确衡量不确定性的量的公式——不确定性越大，量就越大。夏农称其为熵，一个有意与统计物理学及热力学里使用的物理专业术语熵类似的概念。

物理学家使用的熵是用来度量物理体系混乱度。假设你有一个房间，里面包括分隔开的两个隔间，而且你在左边的隔间里放了 100 亿个氧分子，而在右边隔间里放了 400 亿的氮分子。然后你移除隔间之间的分隔物。这些分子就会全部迅速混合到一起——更加无序——所以这个体系的熵就增加了。但是其他一些事也会随之发生——你不再知道这些分子在哪了。你对它们位置的无知随着熵的增大而增加。夏农展示出他计算通信中熵的公式——作为对无知或不确定性的量度——和统计物理学中描述微粒集合体中增加熵的公式完全如出一辙。

熵，换言之，与无知几乎等同。熵也是不确定性的同义词。信息理论提供了一种在概率分布中计算不确定性的新的精确的方法。

因此，当你对于你要研究的体系中的概率一无所知的时候，这里有一条线索指引你该如何去做。选择一个使熵值最大的概率分布！最大熵意味着最大的无知，而且如果你什么都不知道，无知就被限定为最大。假设出最大熵/无知不仅仅是假设；它是对你所处情况的真实陈述。

杰尼斯提出，这个最大无知的概念应该被提升到作为科学地描述任何事物的基本准则的层面。以他的观点，统计物理学本身便成为对于一个体系进行统计推论的系统。通过使用最大熵的方法，你仍可以使用所有统计物理学提供的计算规则，而无需在基本物理学方面假设任何前提。

特别地，你现在能够证明这个观念，即所有的可能性出现的概率都是等同的。整体思想为，没有任何一种概率（只要是遵守物理定律的）会被排除。你所获得的信息中没有被明确排除的任何情况都将被视为存在发生的可能（在标准的统计物理学中，这种特征是无需证据而简单地被假设出的——整体的概率分布基于所有的分子均遵循各自的可能运动状态的概念）。而且，如果你一无所知，你不能说任何一个概率相较于另一个概率更可能出现——这是常识。

当然，如果你了解一些关于概率的知识，你可以将其融入你使用的概率分布去预测将来的未知。但是如果你对此一无所知，那供你用来预测将来的未知的就只剩一种概率分布了：这就是最大熵、最大不确定性、最大无知。毕竟，这种做法还是有意义的，因为一无所知，事实上，即最大无知。

听起来有些神奇，即使对面前的物体或人一无所知，你仍然可能做出预测。当然，你的预测可能不一定正确。但是，那仍然是当你不知从何做起时，你所能做的最好预测，你所能找寻的最近似的答案。

"概率分布将受制于某些限制的熵最大化，这成为解释分布推理使用的关键，"杰尼斯写道，"无论结果是否符合实验，它们仍然代表基于可用信息所能做的最佳预估。"[9]

但是"熵的最大化"确切的含义是什么呢？简单的解释是，选择那些源于一切符合自然法则的可能性集合中的概率分布（既然你一无所知，你也就不能丢下任何可能的情况）。这里有一个简单的例子。假设你想预测一个有100名学生的班级所有人的平均成绩。你所知道的只有一般规则（即，自然法则）——每人都会得到一个成绩，且成绩被定为 A、B、C、D 或 F（不允许任何未评）。你对学生的水平和努力程度一无所知。那么你对班里孩子们平均成绩的最好预测是什么呢？换言之，你如何找到一个成绩的概率分布来告诉你哪个平均成绩最有可能是真实的？

运用最大熵或最大无知原理，你简单假设成绩能分布的所有可能情况——所有可能组合出现的概率均等。例如，一种可能的分布是 100 个 A 而没有别的情况出现。另一种可能是全部的 F。也可能是每种成绩都分别由 20 人获得。也可能是 50 个 C、20 个 B、20 个 D、5 个 A 和 5 个 F。所有的组合情况全部加和到一起成为一个概率的集合，该集合由符合最大无知原理——对于班级以及学生和学生成绩的完全无知的所有概率分布组成。

在统计物理学里，这种情况被称之为"典范系综"——系统中分子的所有可能状态的集合。每一种组合都是一个微观状态。许多不同可能的微观状态（成绩的分布）与相同的平均值（宏观状态）一致。

不要试图列出所有可能的组合，那会消耗你大量的时间（你所涉及的数字可能大得接近 10 的 70 次方级别）。但是你能计算出，或者甚至可以凭直觉看出，最有可能的平均成绩就是 C。在所有可能的微观状态组合中，出现平均成绩为 C 的概率比任何其他成绩的概率都要大很多。例如，只有一种情况下能得到完美的平均成绩为 A——所有的 100 个学生都得到 A。但是你得到平均成绩是 C 的情况却有很多——100 个 C、50 个 A 和 50 个 F，5 个级别的成绩各有 20 人得到，等等。[10]

就像扔硬币，一次扔 4 枚硬币，头像朝上的硬币数量相对于上例中的成绩（0 就是 F，4 就是 A）。在 100 次试验中，许多组合的平均值为 2，而只有很少的情况平均值为 0 或 4。因此，基于一无所知，你的预测为平均成绩是 C。

第四节 回到博弈

在博弈论中，一个参与者的混合策略也是概率分布，与平均成绩或扔硬币的例子非常相似。概率论就是关于如何找到对于每个参与者都是最好的混合策略（为了达到这个博弈的最大效用，或最大回报）。在一个多人参与的博弈中，在所有参与者的各种混合策略中至少有一个组合可以达到一种情况，即没有一个参与者能通过改变策略获得更好的结果——这就是纳什均衡，博弈论中最重要的基本原理。

但是，纳什的现代博弈论基础也有自身的瑕疵。正如纳什指出的，虽然所有的博弈（在确定条件下）都有至少一个纳什均衡，但在很多博弈中能够出现不止一个纳什均衡。在那些情况中，博弈论并不能预测会达到哪个均衡点——你无法辨别出在真实世界情况下参与者们将会实际采用哪套混合策略。并且，即便在一个复杂的博弈中只存在一个纳什均衡，要计算出所有参与者的混合策略是什么，这也远远超出了超级计算机组的能力。

同时，传统博弈论的基本假设的薄弱之处使此瑕疵更为明显——在获得所有必需的信息计算回报时，参与者是理性的回报最大化者。在大多数人不计算吉士汉堡的营业税的世界里，那是一个苛刻的要求。在现实生活中，人们并不是"绝对理性的"，不能够找到最佳的利润最大化策略来应对所有其他竞争者使用的策略组合。所以，博弈论显然是在假设每个参与者能够做到那些超级计算机都不能做到的事。而且，事实上，几乎每个人都意识到这种完全的理性是无法达到的。故而，博弈论中使用的现代方法经常假设这种理性是有限的或"有界的"。

博弈论学家们千方百计去处理关于纳什理论里原初数学问题的这些限制。大量最高水准的研究工作已经对博弈论的原始公式进行了修正和改良，使之成为一个修正了许多初期"瑕疵"的理论体系。例如，已经展开了许多研究用于理解理性的限制。虽然如此，众多博弈论学家仍坚持这样一个观点，即"解决一个博弈"意味着找到一个均衡——一个所有参与者都能得到他们最大效用的结果。博弈论学家们一直在探讨各参与者应该怎么做才能使自己的回报最大化，而不是去思考当参与者们真正参加一场博弈时将会发生什么样的情况。

我们在波士顿会谈后一年，当我去国家航空航天局艾姆斯研究中心拜访沃尔波特时，他指出找寻博弈均衡解应该从博弈内部去审视，从参与者之一的观点去审视，而不是以一个局外人、一个评估整个体系的科学家的有利观点来审视。从局内看，可能会有一个最优解，但是局外的科学家向局内看，只要仅仅预测什么将会发生即可（而不是试图去赢得这场博弈）。沃尔波特坚持，如果你这样看待此问题，你只知道你永远不能确定一场博弈怎么结束。所以概率论的科学应该不仅是寻找单个的解，而是找到一个解，它的概率分布能做出最优的可能性预测来解释博弈的结果将是什么。"情况将会是，无论何时提供你关于一个体系不完整信息后，你必须马上给出的是各种概率的分布，而不是单个的解。"[11]

换句话说，过去科学家们没有真正将博弈参与者们当作统计物理学中的微粒来考虑，至少没有从正确的角度去考虑。如果你真的考虑过这一点，你就会意识到没有一个物理学家在计算气体热力学性质时考虑单个分子的状态。这个观点是为了计算出整个分子集合体的全面特征。你不可能知道单个分子在干什么，但是你能够统计计算出结合在一起的所有分子的宏观表现。博弈和气体之间的联系应该很清楚了。统计物理学研究气体，并不知道单个分子的活动，而博弈论学家同样不知道单个参与者是如何思考的。但是物理学家确实知道分子集合体的表现可能是怎样的——统计学意义上的——并且能针对气体的性质给出较好的预测。类似地，博弈论学家应该能对博弈中将会发生的事件作出统计学预测。

正如沃尔波特反复强调的，这就是科学通常的处理方式。科学家们对他们研究的体系相关的信息进行限制，并试着基于他们手上已有的信息做出可能的最优预测。就像一场博弈中的一个参与者仅仅对这个博弈中可能出现的策略组合持有不完整信息，那么科学家们就研究在拥有不完整信息情况下的博弈，信息包括参与者们都知道些什么以及他们是如何思考的（切记，不同的个人在博弈时使用的思路是不同的）。

所有的科学都面对这种问题——对于一个体系知道一些情况，然后就根据这有限的知识，试图去预测将会发生什么，沃尔波特指出。"那么科学将如何着手来回答这些问题呢？在你所致力研究的每个独立的科学领域中，这种尝试的结果将是一个概率分布。"[12]

从这一点看，概率论就引进了另一种混合策略。不仅仅是参与者持有混合策略，备选的可行概率分布也会变化。科学家描述博弈持有一种"混合策略"，那就是对于博弈结果的可行预测。

"当你想到这个的时候，觉得显而易见，"沃尔波特说，"如果给你一场真人参加的博弈，不，你就不会总是得到同一种结果。你会得到不止一种可能出现的结果……他们不可能总是以完全一样的那套混合策略去结束博弈。对于他们使用的混合策略会出现一个分布现象，就像在其他科学问题中一样"。

显然这个想法已经将博弈论带到了一个新的水平。当每个参与者都有自己的一个混合策略时，科学家描述该博弈用到的一个纯策略的概率分布应该估计所有参与者的所有混合策略的概率分布。然而你如何找出那些混合策略的概率分布呢？当然，得通过最大化你的无知。如果你想对待概率论就好像其中的参与者就是微粒，假设他们策略的概率分布最好的方法就是最大化不确定性（或者用信息论中的专业术语，熵）。使用这个方法，你不需要假设博弈中的参与者们理性有限；这种"有限"自然地出现在信息论的准则中。如果给你一个关于该博弈可能结果的概率分布，那么你就能够用决策论原理来选择哪种结果是你预测的。

"当你需要一个预测时，概率分布却不需要，"沃尔波特说，"你不得不决定发射导弹或者不发射；向左转还是向右转。"做这样一种决定的数学基础、根本原则是由雷纳德·萨维奇（Leonard Savage）[13]于 20 世纪 50 年代比较精确地发展出来的，但是他们却对诸如帕斯卡赌注之类的问题刨根问底。如果你知道一个可能结果的概率分布，但是却不足以过滤掉一些可能性来得到一个单一的预测结果，你就需要考虑如果你决策错（或对）了你不得不失去（或得到）什么。

"如果你预测出 X，但是真实的结果却是 Y，你的损失会是多少？或者反过来，你能获得什么好处？"沃尔波特解释道，"有些误判不会给你带来多少损失，这取决于真实结果是什么。但是在其他情况下，你对于真实结果的预测可能导致各种各样的问题——例如你现在已经发动了第三次世界大战。"

决策论要求你做出的预测应该能使你的预期损失达到最小（"预期"意味着与最终选择相关的可能性都被考虑在内——你将所有可能性造成的损失

量平均化了）。结果，沃尔波特观察到不同的观察者会对一场博弈的结果做出不同的预测，即使在可能结果的概率分布是一样的情况下，因为在一些特定的错误预测中一些参与者可能比其他人损失得更多。

"换言之，对于一模一样的博弈，作为一个局外人你的决策如何去预测将取决于你的损失函数，"他说。那就意味着最佳预测不是博弈中建立的均衡点，而是依赖于"那些剥离于博弈之外的对于结果进行预测的局外人。"因此，有时候最有可能的博弈结果不是一个纳什均衡。

但为什么不是呢，如果一个纳什均衡代表一个稳定的结果，即在没有人有改变想法的动机的情况下。好像人们会总是变换着他们的策略指导他们不想这么做为止。但是当博弈论放在关于最大熵值的信息-假设等式中时，答案是明确的。等式中的一个符号代表了计算出最优策略的成本，并且在一场复杂的博弈中，这个成本可能会非常高。换个说法，一个参与者想得到最大回报就必须将一个成本考虑在内，那就是计算出得到这个回报他必须付出什么。参与者得到的收益并不是期望收益，而是期望收益减去计算出它所需的成本。

另外，个人的差异能够影响该计算。最大无知法（就是最大化不确定性）的数学推导中包含了另一个因素，它可以被理解为一个参与者的热度。热度将无知（或不确定性）与计算策略的成本联系起来——对要做的事情具有更多的不确定性就意味着搞清楚这些事需要更高的代价。较低的热度表明一个专注于寻找最优策略的参与者不关注其计算成本；而高热度的参与者将对可能的策略进行更多的探索。

"那么这个意思，"沃尔波特又解释，"就是，字面上真的会存在纯理性的人，他们总是做那些最可行的事情，他们是冰冷的——是冷酷的。反之一些人做任何事都是满世界的转，期望尝试各种可能的方法，他们是火热的。这个恰巧不在数学考虑范畴之内。这甚至都不算是个比喻；它事实就是这样的。"[14] 热度，换个说法，代表了非理性的一种量化。在一种气体中，较高温度意味着分子不处于它们能量最小化状态的可能性更高。之于博弈参与者，较高热度意味着他们不会最大化自己收益的可能性更大。

"这个类比是说你有可能进入一个非纯理性的状态，"沃尔波特说，"这是完全一样的事情。降低能量就是提高收益。"你还是可以运用策略来增加你的收益，但是增加多少就看你的热度有多高了。[15]

深入到关键部位，最大熵的数学方法告诉你博弈参与者将会限制理性——这不是你不得不假设的事情。由于一些局外人而非局内人接受这个观点，它就自然而然发生了。

"这很关键，"沃尔波特强调，"博弈论总是将概率论包含其中，因为参与者使用混合策略，但是博弈论却从未真正地将概率论作为一个整体来应用。此即为传统博弈论中的一个大漏洞。"

最终，提出参与者热度这个概念就能对于真实的选手参与现实的博弈进行更好的预测了。在那个学生成绩案例中的概率分布，最大熵值就表示所有的成绩分布都是可能的。但是如果你对学生有所了解——也许他们都是优秀学生，每次考试成绩都在 B 以上——这样你就能通过将这个信息加入方程来调整最终的概率分布。如果你了解一些参与者的热度状况——如习惯于探索不同的可能策略——你就能够将此信息也考虑到算法中，来改善你的概率分布。在伯克利大学和普度大学同行的共同努力下，沃尔波特正开始在真实人群中检验这个观点——或者至少是在大学生中进行。

"我们已经在本科生身上进行了一些实验，实验中我们实际上关注了他们的热度状况，在一组重复的游戏中——此案例中为投票游戏——然后观察他们的热度状况随时间推移是如何变化的。他们实际上是变得更理性了还是没那么理性了？不同个体的热度状况之间又有什么联系？当你变得不那么理性的时候我是不是变得更理性了？"

举个例子，如果一个参与者总是做出一样的选择，这个行为使得其对手更容易判断他/她的举动。"这就很直观地表明如果你的热度状况下降，我的就会上升，"沃尔波特说，"所以我们进行这些实验的意图实际上是想找出那些影响。"

第五节　心理史学的视角

这些实验，在我看来，应加入那些行为博弈论者和实验经济学者们已经积累的（包括）关于人类行为方面的知识。这听起来就像是沃尔波特在说，为了改进博弈论的预测能力，所有这种知识都该加入到概率分布公式中。但是在我能问我脑中究竟想到什么解决办法之前，他就推出这精密的理论准确地将我带到了我想去的地方。

"让我们这么说，你对心理学有所了解，并且你已经从实验得到一些结果，"他说，"而且在这里面（概率分布公式中）你实际上还有其他一些东西，除了知道人们都有热度这个属性之外。你也了解一些他们风险规避的程度，以及这个、那个，等等。你不是只有热度这一个特征；你还有很多其他方面的特征。"

加入这些有关真实人的知识到公式中后就降低了无知度，而正是依靠无知度我们才能得到原始概率分布。所以，除了基于所有可能混合策略的预测，你还将得到更能反映真人参与情况下的预测结果。"正式地说，这实际上是将博弈论和心理学结合起来了，"沃尔波特说，"结合用来处理激励和效益函数及回报的数学模型来定量单个个人的行为。"

沃尔波特开始谈论股票市场预期走势中的概率分布问题，然后几乎是旁白一样，揭示出其更广阔的用途。"从艾萨克·阿西莫夫的观点说，就是一种试图得到研究心理史学的数学能力的一种途径，"沃尔伯特说，"换言之，它有潜力——也就是还没实现——有潜力成为研究人类行为的物理学。"[16]

就像我先前怀疑的，阿西莫夫的心理史学和博弈论中的行为学间存在着隐含的相似性，而事实上这相似性反映出一些普遍的、根本性的数学原理。是数学融合了博弈论和统计物理学。所以，沉浸在沃尔波特所说的话中，我意识到，除了心理史学或社会物理学或自然法则，有一个更好的方法适用于人类行为的科学研究。那应该是博弈物理学（游戏开发物理学）。

唉，"博弈物理学（游戏开发物理学）"已经被使用了——它已经是一个专业术语，被计算机程序员们用来描述模拟电视游戏中物体如何移动，以及如何蹦来蹦去的动作。但是它也很好地抓住了心理史学或社会物理学的真谛。结合了统计物理学的博弈论，博弈的物理学，是社会的科学。

后序

让我们来考虑社会经济的物质基础——或者从更广泛的角度来说，整个社会的物质基础。根据所有的传统和经验，人类用一种特有的方式来调整自己以适应这样的背景。这并不包括建立一个严格的分配系统，而是提供很多选择，这些选择可能都代表了一些基本原则，但在特定方面有所不同。这个系统描述了"建立了的社会秩序"或者"被接受的行为准则"

——冯·诺依曼和摩根斯特恩，《博弈论与经济行为》

尽管题目中出现了游戏，经典的科幻小说《安德的游戏》并不是关于博弈论的，至少表面上看不是。但实际上它却是。整本书都是关于选择策略达到目的——关于成人们设法操纵年轻的安德·维京。安德·维京选择战略来赢得一场模拟的战斗，安德的兄弟姐妹们运用策略影响公众态度。奥森·斯科特·卡德的小说里有两段话看起来像是来自博弈论教科书，他们展示的人类本性是博弈论试图去解释的。比如说，安德的哥哥彼得正是原始的博弈论所描述的自私理性人的缩影。

只要他需要，彼得可以将任何的欲望置之脑后；他可以隐藏任何情感。因此瓦伦丁知道他绝不会因为一时恼怒伤害到她。他只会在利大于弊的时候那么做……他总是表现出聪明的自私自利。[1]

安德自己代表了同时依靠计算和直觉来处事的社会角色，与今天的行为博弈论学家所信奉的观点更为一致。

"每一次，我能取胜因为我知道敌人的想法。从他们所做的，我可以推断出他们认为我在做什么，他们想要战斗往哪个方向发展。于是我将计就计使他们的弱点暴露出来。我很擅长这点。知道其他人在想什么。"[2]

毕竟这是现代博弈论的全部内容——明白他人所想。然后推断他们会怎样做。这也是艾萨克·阿西莫夫虚构的心理史学的全部，几个世纪以来的社会科学家所要找寻的全部——找出社会运动的节拍，发现"自然法典"。

现代对"自然法典"的追求始于牛顿原理出现之后的世纪，那本书将运动和重力的法则作为物理世界的理性基础。哲学家和政治经济学家比如大卫·休谟和亚当·斯密从牛顿式物理中寻找一门人类行为的科学，梦想能像描述星球一样准确地描述人类行为。这个梦想穿越了 19 世纪来到 20 世纪，从阿道夫·凯特勒（Adolphe Quetelet）用数字描述社会的心愿到西格蒙特·弗洛伊德对大脑特定物质基础的探索。然而，在这个过程中，作为这个梦想的基石的物理模型自己发生了变革，从牛顿的严格决定论转变到麦克斯韦的统计描述——和凯特勒及其同事所用来量化社会的统计相同。到了 20 世纪末，寻找"自然法典"的物理学家们想要用统计将社会科学和自然世界统一起来。因为毕竟物理——你可以去问任何一个物理学家——是万物的科学。

第一节　物理学和万物

然而，历史上物理学家关于万物的观点却有点狭隘。在过去的 3 个世纪中，大部分时候物理学将自己定位于主要和物质以及引导它运动的力有关；最终，对于运动中的物质的研究混合了能量和它的转换。在刚刚过去的世纪中，爱因斯坦将宇宙时间和空间加入到这个混合中。他甚至通过合并物质和能量以及空间和时间来简化现实世界的成分。于是在 20 世纪的物理学家眼中，"万物"包含了物质、能量和时空。

到 20 世纪末，很多物理学家开始意识到有一个成分被遗失了。数字计算机隐喻性的力量让聪明的观察者认识到，信息是连接外部世界和它的科学描述的纽带。从热力学第二定律到古怪的量子力学到黑洞内部的黑暗环境，物理学家发现在编码和量化对自然的认识时，信息是一个必不可少的成分。

信息打开了物理学家通往其他存在的眼睛。信息包围了生物。生物包括人。人创造了一个新的现实世界需要物理学来思考——巨大的由经济、社会和文化系统以及制度组成的网络。因此物理学家开始将他们最喜欢的通用工具——统计物理学——应用到从股票市场到流感疫情的各种事物上。这些都在艾萨克·阿西莫夫虚拟的数学家哈里·谢顿（Hari Seldon）身上体现出来，他将统计物理学原理用于预测将来。在 21 世纪的黎明到来之际，现实世界中的物理学家试着去做几乎和谢顿做过的一模一样的事情，使用统计物理学来建立社会的数学模型，以对将来做出预测。

从最初开始，博弈论就表达了相似的雄心。冯·诺依曼和摩根斯特恩关注经济，但很明显将经济视作一般社会科学的一个（虽然是主要的一个）范例。他们相信他们的博弈论是用数学方法表述集体行为的第一步，实际上是一部"自然法典"（他们用的词是"行为准则"或"社会秩序"）。

很多年以后，约翰·纳什迈出了走向社会数学的第二步，他将纳什均衡引入到博弈论的观点中。如果在一场博弈中所有竞争者都追逐个人利益——试图最大化他们的期待收益——那样将总是存在一些策略组合使每个人都能得到最好的收益（假设每个人都尽力）。在任何博弈中都存在的纳什均衡提示人们社会是稳定的——人们没有动机去改变，因为如果其他人都保持不变的策略，改变只会降低自己的收益。

在冯·诺依曼和纳什的数学中，最本质的特征是需要"混合策略"来获取最大收益。很少情况下单个"纯粹的"策略会一直是你最好的选择。你的最好策略通常是来自很多可能的选择，其中每个选择有特定的概率。

在博弈论以及它在现实生活和社会的应用中，这种混合策略是个不断重复的主题。进化的过程中，自然使用了混合策略，产生了包含很多物种的复杂生态系统。人类使用混合策略，包括合作者、竞争者和惩罚者。地球的居民代表了文化的混合策略，从小气独居的秘鲁马奇根加人（Machiguenga）到慷慨群居的肯尼亚奥玛人（Orma）。甚至在物理学领域内，量子力学展示了世界本身是一个亚原子水平的混合策略，博弈论学家也许可以利用这种特点来解决令人困扰的两难问题。

这样一种有着特定概率的选择的混合，在数学上被称为概率分布。而概率分布，碰巧也正是统计物理学所涉及的。阿西莫夫心理学史的基础是将概率法则应用于大样本人类个体来预测集体行为，正如统计物理学家计算大量分子的概率分布来预测一种气体的性质或者化学反应的过程。正如物质和能量，或者时空。博弈论和物理学是一枚硬币的两面。如佩·班娜塔（Pat Benatar）会说的，它们同归同属。这是一个简洁、紧密的配合，很奇怪为什么博弈论学家和物理学家们在这么长时间之后才认识到这种潜在的关系。

第二节　天生的分离

当然，博弈论是在物理学的土壤中孕育出来的，因为冯·诺依曼和摩根斯特恩使用的推理都基于统计物理学。冯·诺依曼提到当描述经济系统中大量群体交互时统计是有用的。纳什推导纳什均衡时提到了反应分子的统计交互。毕竟，纳什在转攻数学专业之前在卡耐基工学院学习化学工程和化学，而他在普林斯顿的博士论文使用了"质量作用"的化学概念来解释纳什均衡。质量作用指的是反应中的所有化学物质决定了反应的平衡条件，一种分子能量统计物理学所描述的过程。将物理学中的平衡概念借用到化学中的分子系统，纳什衍生出一个类比的概念，即由人组成的社会系统的均衡。纳什的数学是关于人的，但它基于分子，而且这种数学将博弈论和社会科学与物理学统一了起来。物理-社会相联系的种子在纳什的美好心灵中播种开来。

这颗种子以不可思议的方式萌芽并成长，结出了成倍的果实，促进了很多科学领域的进步，从经济学、心理学和社会学到进化生物学、人类学和神经科学。博弈论提供了一种通用的数学语言来联合这些科学，它们代表了拼图的各个块，拼在一起得到了生命、思维和文化——人类集体行为的总和。博弈论的数学也可以被转换成物理学的数学的事实表明了它是揭开万物真正原理的密钥，统一物理学和生活的科学。

毕竟物理和生命的系统都寻求稳态，或者说均衡。如果你想要预测一种化学反应的进程或人类的行为，未来会如何演化，你必须知道如何计算均衡。博弈论展示了为什么达到一个均衡点需要混合策略——以及对混合策略的需要如何驱动复杂性的创造。换言之，进化。博弈论描述了进化的过程，这种过程产生出不同物种的组合、不同类型的人的组合、不同策略的混合、不同环境下出现的不同文化的组合。

博弈论描述了产生复杂网络的进化过程。选择混合策略的大脑是神经细胞的网络；展示出多元文化的社会是大脑的网络。把它们放在一起，你得到一个用来量化自然（真正包含了万物）的框架，一个将生活和社会科学的博弈论和描述物质世界的物理学融于一体的框架。

不论如何，博弈论并不像理论物理学家长时间孜孜以寻的"万能理论"那样流行。对"万能理论"的追求只是在寻求描述所有自然界基本粒子和力的平衡，描述建造大楼的砖瓦的数学。一旦你知道了原子如何组合在一起，这个观点成立了，你就不需要去考虑其他事物。然而博弈论正好是关于其他事物的。它是关于将自己建立在宇宙的物理基础上的生命的领域。它是关于人们如何从丛林中孕育出文明，关于行为的准则、社会秩序的建立和由此产生的"自然法典"的。

第三节 危　险

寻找"自然法典"总是要冒一种危险——那就是它会被当作一种教条式的决定论来看待人类行为，否定了人类精神的自由。一些人非常反对这种教条式的东西。二十世纪七十年代，在社会生物学的名义下，"自然法典"存在于人类基因中的观点得到了发展，反响有些讽刺，让人们看到智慧如何常常被谩骂打败。社会生物学的聪慧的后代，进化心理学，提出了一个更精密的用进化来解释人类行为的网络，但是它内在的假设认为大脑网络会使用纯粹的策略，这和现代神经生物学和行为人类学的研究发现并不一致。

另一方面，博弈论在遗传力量的倡导者和人类自由的捍卫者之间提供了一种可能的和解。博弈论追求另一种不同的通往"自然法典"的道路。它承认进化的力量——实际上，它有助于解释进化产生生命复杂性的能力。但博弈论也解释了为什么对人类天性植根于生物学的信仰，虽然一般意义上是正确的，但并不是事情的全部。博弈论提出的不是人类社会行为的一般基因决定论，而是需要，如纳什数学所展示的，一种混合的策略。它要求人们从很多可能的行为中做出选择。

我想博弈论潜在的科学力量是巨大的，因为它在理论上是如此的包容——不狭隘或偏颇，而是可以容纳很多看似矛盾的观点。这就是为什么它可以提供一个框架来解释世界上所有的多样性——个体行为和个性的混合体，多元的人类文化，永不完结的生命物种列表。博弈论包容了自私和同情、竞争和合作、战争和和平的共存。博弈论解释了基因和环境、遗传和文化间的相互影响。博弈论通过调解进化改变和稳态之间的紧张关系来连接简单和复杂。博弈论将单个个体的选择和人类社会集体行为相联系。博弈论在心灵的科学和那些没有思想的物质的科学之间搭建了桥梁。

博弈论把这些都放到了一起。它提供了一剂数学处方来使得看起来无法理清一团混乱的世界变得有意义，提供了一个确实的信号表明"自然法典"对于科学家来说并非一个毫无意义不可企及的目标。不管其他人是否看好最后的成功，毫无疑问，科学家们在追逐那个目标。

"我们想要了解人类本性，"来自普林斯顿的神经科学家和哲学家约瑟华·格林纳（Joshua Greene）说，"我想，这是根本的目标。"[3]

到成功也许还有很长一段路要走。但是在阿西莫夫的心理史学的想象中，存在着一个不容置疑的真理——这个世界所有的复杂网络，个人的和社会的，以各种方式交互来产生一个独一无二的未来。从人类到城市，从公司到政府，所有这些社会元素最终必须契合。人们看似疯狂的行为背后必定存在着一种规律，博弈论的成功表明了这是一种科学可以发现的规律。

"想法是最终能真正拥有对宇宙的完整理解，从最基本的物理元素、化学、生物化学、神经生物学，到个体人类行为，到宏观经济行为——完全一体的整合，"格林纳说，"尽管，不在我的有生之年。"

附录

纳什均衡计算

考虑一下第二章中提到的简单博弈，爱丽丝和鲍勃竞争来看看鲍勃该还给爱丽丝多少债。这是一个零和博弈；爱丽丝得到的正是鲍勃所失去的，反之亦然。在这个博弈矩阵里，收益是鲍勃付给爱丽丝的总和，因此鲍勃在每种条件下得到的"收益"是所显示的数字的负值。

		鲍勃	
		乘车	步行
爱丽丝	乘车	3	6
	步行	5	4

想要计算纳什均衡，你必须找到一种对每个玩家来说，当其他人也选择最佳混合策略时，他的期望收益最高的混合策略。在这个例子中，爱丽丝选择巴士的概率是 p，步行的概率为 $1-p$（因为概率加起来必须等于 1）。鲍勃选择巴士的概率为 q，而步行的概率为 $1-q$。

爱丽丝可以计算她选择巴士或步行的"期望收益"，方法如下。她选择巴士的期望收益是以下的总和：

当鲍勃选择巴士时她选择巴士的收益，乘以鲍勃会选择巴士的概率，或表示为 $3 \times q$

加上

当鲍勃选择步行时她选择巴士的收益，乘以鲍勃选择步行的概率，或表示为 $6 \times (1-q)$

她选择步行的期望收益是以下的总和：

当鲍勃选择巴士时她选择步行的收益，乘以鲍勃会选择巴士的概率，或表示为 $5 \times q$

加上

当鲍勃选择步行时她选择步行的收益，乘以鲍勃选择步行的概率，或表示为 $4 \times (1-q)$

加起来，

爱丽丝选择巴士的期望收益$=3q+6(1-q)$

爱丽丝选择步行的期望收益$=5q+4(1-q)$

用相似的推理来计算鲍勃的期望收益可以得到：

鲍勃选择巴士的期望收益$=-3p+[-5(1-p)]$

鲍勃选择步行的期望收益$=-6p+[-4(1-p)]$

现在，爱丽丝在这个游戏中的总期望收益是她选择巴士的概率乘以她选择巴士的期望收益，加上她选择步行的概率乘以她选择步行的期望收益。对鲍勃来说也是相似的。要达到纳什均衡，他们做两种选择的概率必须使得对这两个概率的任何改变都无法带来更多收益。换句话说，对每种选择的期望收益（巴士或步行）必须是相等的（如果对一种选择的期望收益比另一种大，那么多做这种选择就会更好一些，那样，就增加了做这种选择的概率）。

对鲍勃来说，他不该改变策略如果

$$-3p+[-5(1-p)]=-6p+[-4(1-p)]$$

运用一些基础的代数运算，方程可以被表示为：

$$-3p-5+5p=-6p-4+4p$$

或者

$$2p=1-2p$$

所以

$$4p=1$$

p 的解，表示爱丽丝选择巴士的最优概率是

$$p=1/4$$

因此爱丽丝应该在1/4的情况中选择巴士，3/4选择步行。

现在，爱丽丝不会想要改变策略，当

$$3q+6(1-q)=5q+4(1-q)$$

解出 q，得到鲍勃选择巴士的最优概率：

$$3q+6-6q=5q+4-4q$$

$$6=4q+4$$

$$2=4q$$

$$q=1/2$$

因此鲍勃应该在一半的时间里选择巴士，一半选择步行。

现在让我们假定爱丽丝和鲍勃决定玩鹰鸽游戏，收益结构会变得更复杂一些，因为一个人赢得的并不一定等于另一人失去的。在这个博弈矩阵中，

方格里的第一个数字给出爱丽丝的收益，第二个数字给出鲍勃的收益。

		鲍勃	
		鹰	鸽
爱丽丝	鹰	$-2,-2$	$2,0$
	鸽	$0,2$	$1,1$

爱丽丝玩鹰的概率是 p，玩鸽的概率为 $1-p$；鲍勃玩鹰的概率是 q，而玩鸽的概率是 $1-q$。爱丽丝玩鹰的期待收益是 $-2q+2(1-q)$；她玩鸽的期待收益是 $0q+1(1-q)$。鲍勃玩鹰的期待收益是 $-2p+2(1-p)$；他玩鸽的期待收益是 $0p+1(1-p)$。

鲍勃不会想要改变策略，当

$$-2p+2(1-p)=0p+1(1-p)$$
$$2=1+3p$$
$$3p=1$$
$$p=1/3$$

因此，爱丽丝玩鹰的概率 p，是 $1/3$。

爱丽丝不会想要改变策略如果

$$-2q+2(1-q)=0q+1(1-q)$$
$$4q-2=q-1$$
$$3q=1$$
$$q=1/3$$

因此鲍勃玩鹰的概率 q，也是 $1/3$。因此在这种收益结构下的纳什均衡是在 $1/3$ 的情况下玩鹰，$2/3$ 的情况下玩鸽。

内 容 索 引